馬産地80話

日高から見た日本競馬

岩崎　徹

北海道大学出版会

私と馬産地――はしがきに代えて

これから、この『馬産地80話――日高から見た日本競馬』では、日高地方を中心とした競走馬生産と馬産地のしくみをなるべくわかりやすく解説していきます。

私は日本競馬の誇るべき特徴は大衆競馬にあり、その特徴を生かした馬事文化・競馬文化が何より大切と考えています。この本は、競馬ファンや日本の馬産に興味ある人たちのために書きました。競馬と馬産地は、もちろん密接な関係にあるのですが、両者は離れており、また、競馬システムや馬産のしくみはかなり複雑なためもあって両者を結びつけて理解することが難しいと思われます。それを、この本で少しでも解きほぐすことができれば幸いです。

「馬産地」――私はかれこれ四半世紀にわたって日本の馬産を研究し、馬産地を見てきました。馬産地は、今、不況にあえいでいます。そんな不況の実態も含め、等身大の馬産地の姿をお伝えできればと思います。この「馬産地」の解説は、経済・経営の話が中心になります。図表を多く使いますが、複雑な図表は巻末に載せました。興味ある人には図表だけ見ていただいても結構おもしろいと思います。お話は一話ずつにしますので、面倒なところは飛ばして、興味ある話から読んでください。

私が馬産地とかかわるようになったきっかけをお話しします。私が札幌大学に赴任した最初のゼミ生に日高地方の出身者がいて、卒論に競走馬のことを書きたいと言ってきたのです。そのころ、私は競馬や競走馬に関してはまったく知らず、別世界のものでした。そこで、とりあえずゼミ生と一緒に日高地方に足を踏み入れたのが私と競走馬との出逢いです。一九七七年夏のことでした。日高山脈を背景に、サラブレッドの親仔が草を食む農村景観はたとえようもなく美しく、心豊かな気持ちになったのを思い出します。日高というと、このときの美しい農村景観をイメージします。

その後、中央畜産会、日本軽種馬協会、日本中央競馬会（JRA）の専門委員・調査委員となり、競馬と競走馬の研究をするようになりました。また、道営競馬の運営委員長を仰せつかり（一九九九～二〇〇〇年度）、地方競馬にも関心がいくようになりました。競走馬の研究もさることながら、競馬（馬券）の魅力にも取り付かれ、競馬歴はかれこれ二七年になります。そして、今ではレース名で季節感を味わうようになるなど、競馬は私の生活の中にすっかり入り込んでいます。

馬産地80話——目次

第1部

競走馬と馬産のはなし

第*1*話　馬と日本人

現在（二〇〇二年）日本には、軽種馬、農用馬（肉用馬）、乗用馬、在来馬等合わせても一〇万六千頭しかいません（表1-1）。ところが、明治～昭和初期には日本にも約一五〇万頭の馬がいたのです。戦前の馬の用途は、軍事、輸送、農耕の三つが主なものでした。戦前の農村では「馬のいる風景」が当たり前でした。「西の牛、東の馬」といって、田や畑を耕すのに東日本ではとくに馬が多く東北地方、北海道地方で馬は人の大切な「友達」でした。柳田国男の「遠野物語」にも出てきますが、岩手県では「曲《ま》がり屋《や》」「直屋《すぐや》」といって、人と馬は同じ屋根の下で暮らしていました。また、農具や農産物、物資の運搬には馬を多く利用しました。私は一九四三年生まれですが、戦後の少年時代に東京下町の路上で馬車の上に乗った（勝手に乗って怒られた）記憶があります。札幌でも戦後しばらくは、春になると馬車の馬糞が風に舞う馬糞風が風物詩だったようです。

一九五〇年代までは、農村はもちろん都会でも「馬のいる風景」があたりまえでしたが、高度成長とともに馬は日本社会から一挙に姿を消しました。終戦とともに軍馬はいなくなりましたが、その後、農耕は耕耘機・トラクターなど農業機械に代わり、運搬はトラック、乗用車に代わりました。そして、現在の日本人にとって馬といえばまず競馬、そして乗馬や公園でみるポニー、観光地での在来馬といったところでしょうか。

馬の日本史を少し紐といてみると、馬と日本人は密接な関係にありました。

表 1-1　日本の馬飼養状況（2002 年）

	種雄馬	繁殖雌馬	産駒	育成馬	競走馬	その他	合計
軽種馬	412	12 273	9 035	8 845	27 829	—	58 394
農用馬	445	6 747	3 906	3 915	1 492	532	17 037
乗用馬	50	336	204	168	—	13 457	14 215
小格馬	129	715	320	428	—	—	1 592
在来馬	—	—	—	—	—	2 396	2 396
肥育馬	—	—	—	—	—	12 390	12 390
合計	1 036	20 071	13 465	13 356	29 321	28 775	106 024

出典）農水省生産局畜産部畜産振興課『馬関係資料』2004 年。

日本に馬が渡来したのは、弥生時代末期ではないかといわれています。乗馬の風習も中国・朝鮮から伝わっていたようです。それ以来、馬は、軍事・輸送・農耕に欠かせないものでした。古代には、首長が死ぬとその愛馬を殉葬する風習もあったようですが、後になるとその代わりに土人形の馬（埴輪）を葬るようになりました。公的通信手段としての駅馬・伝馬の制度は奈良時代からあったようです。そして、第二次大戦終結に至るまで、馬政は軍事と密接不可分の関係が続くことになりました。

第2話　馬の種類——軽種馬とはなにか

馬の品種は二〇〇種以上あるといわれています。しかし、品種の分け方も目的用途、体形・体格、毛色、歩法によって異なり、同じ系統でも生育されている地域などによってさまざまな名称が付けられており、分類の仕方は統一的ではないようです。

たとえば、第1話でみた農水省『馬関係資料』でも、馬の区分は軽種馬、農用馬、乗用馬、小格馬、在来馬、肥育馬となっていますが、品種と目的用途が統一的に分類されているわけではありません。

ところで、今までにも出てきた軽種馬とはなんでしょうか。競走馬の生産者団体に日本軽種馬協会というのがあります。また、北海道には日高軽種馬農協、胆振軽種馬農協などという団体があります。サラブレッドにも「軽い種馬」と「重い種馬」がいるのでしょうか。

じつは、この呼び方は戦前の「馬政計画」で、役種別に重種、中間種、軽種、在来種の四つに分けてからの表現です。軍馬といっても、その用途は乗馬、輓馬(大砲・武器の運搬)、駄馬(物資の運搬)に分かれます。それぞれの用途に合った軍馬の生産・育成が求められたので役種別の区分が必要だったのです。その軍馬時代の名残が現在も使われているのです。今では役種とはかかわりなく重さを中心に重種馬(ペルシュロン種、ベルジャン種等)、中間種(アングロノルマン、ハクニー、軽種と重種の混血種)、軽種馬(サラブレッド、アングロアラブ)、在来種(北海道和種(ドサンコ)、寒立馬、木曽馬、岬馬、

図１-１　ばんえい競馬の雄、ペル系・サカノタイソン（1994年生）

表１-２　馬政計画（1937年）での馬の区分・品種・使途

区　分	品　種	使　途
軽　種	アラブ、サラブレッド、アングロアラブ、アラブ種、サラブレッド種	乗馬、小格輓馬
中間種	アングロノルマン、アングロノルマン系種、軽半血種、中半血種、重半血種	小格輓馬、農耕、運搬
重　種	ペルシュロン、ペルシュロン種	重輓馬
在来種	和　種	駄馬（運搬）

出典）武市銀治郎『富国強馬――ウマからみた近代日本』（講談社選書メチエ、1999年）を参考に作成。

トカラ馬等）と区別しているようです。

じつは、競走馬に携わる団体は、この国際化の時代に、戦前の馬政からの遺物「軽種馬」という用語の使い方に悩まされています。諸外国に「軽種馬」という用語・概念はないので、さきの日本軽種馬協会の英文名は The Japan Bloodhorse Breeders' Association（ＪＢＢＡ）です。それでは、「競走馬」でよいではないかとする議論もありますが、厳密には日本の競走馬には「ばんえい競馬」（ペルシュロン種やブルトン種を使う）があり、外国では障害競走、速歩競走に使われるセルフランセ、アメリカントロッター等もあるのでそれは使えません。そこで、日本の競走馬を問題にするときは軽種馬、外国を含めた競走馬を問題にするときは競走馬という使い分けをするしかないのです。

この本では、わかりやすく競走馬という用語でおもにサラブレッドの話をします。

第３話　サラブレッドとアングロアラブ

サラブレッドの歴史は、今から三〇〇年以上も前に遡ります。サラブレッドとは「完璧な血統」を意味し、イギリスにもち込まれたアラビア産の馬とイギリスの在来馬を配合し、その後競走用に改良を重ねられた品種を呼びます。サラブレッドの厳密な定義は「公認の血統書＝ゼネラル・スタッドブックに登録された馬」だけを指します。一七九三年に初めて発行された血統登録書には、一〇二頭の種牡馬《しゅぼば》が登録されていましたが、現代まで血統を継承しているのは、「ダーレーアラビアン」「バイアリーターク」「ゴドルフィンアラビアン」のわずか三頭であり、この三頭を「三大始祖」「三大根幹種牡馬」と呼んでいます。現代サラブレッドの九〇％が、「ダーレーアラビアン」の血統です。このように、サラブレッドの品種改良は激しい血統淘汰の歴史でもありました。

これに対して、アングロアラブとは、純粋なアラブ種とサラブレッドとの交配により、一部アラブの血を受け継いだ品種をいいます。日本ではサラブレッドとアングロアラブとを合わせて軽種馬と呼んでいます。

競馬は「血統のスポーツ」といわれるように、血統改良により資質を向上させてきました。この血統改良には二つの方法があります。

一つ目は、生産馬（産駒）の競走成績の優秀な種牡馬を種付けすることにより生産する方法です。

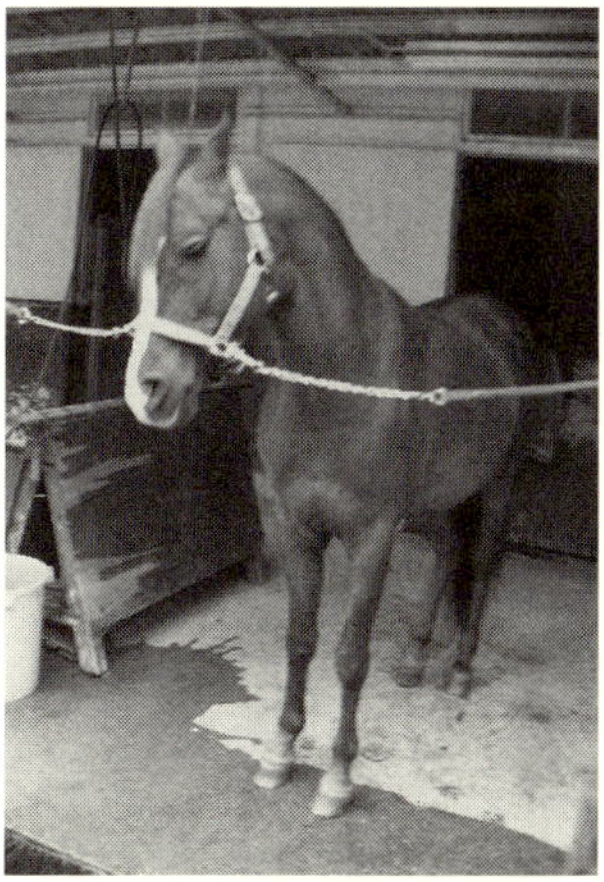

図１-２　日本では希少な純血アラブ種

しかし、この方法は、競走成績の優秀な種牡馬は少数に限られるため、血統の集中が起こり遺伝資源の多様性が損なわれるという欠点があります。

二つ目は、競走成績の優劣が判明していない種牡馬を将来への期待を込めて種付けする方法で、不確実ではあるがこの方法でも血統改良は進んでいます。前者は資金力のある企業的経営で用いられ、後者はおもに資金力の乏しい家族経営によって用いられま

表1-3　地方競馬のアラ系レース数とその比率の推移

	1980	1985	1990	1995	2000	2004
サラ系レース	11 384	11 220	11 452	15 137	15 480	15 925
アラ系レース	7 179	8 773	8 311	6 721	5 134	1 658
アラ系レース比率	38.7	43.9	42.1	30.7	24.9	10.4

注）2004年地方競馬平地競走開催競馬場20のうち、アラ系レースの行われたのは金沢、笠松、名古屋、園田、姫路、福山、高知、佐賀、荒尾の9カ所であった。
資料）農水省生産局畜産部競馬監督課『地方競馬統計資料』

す。家族経営は、血統改良という点でも寄与していることになります。

ところでレース名では、サラ・サラ系、アラ系などと表記をします。サラ系レースは純血のサラブレッドとサラブレッド系*とを合わせたレースであり、アラ系レースとはアラブ血統二五％以上の血統馬レースのことです。アラブ血統二五％以上がアラ系ですから、アラ系といってもアラ系とサラ系の混血です。純粋なアングロアラブというのはめったにいません（図1-2）。表1-3のサラ系レースは、サラ・アラ混合レースを含んだものとして集計してあります。レースでは、サラ系はスピード・瞬発力で圧倒的に優れている反面、丈夫さ、気性の面で劣り、アラ系はスタミナ・タフさで優れている反面、スピード・瞬発力で劣るとされます。日本で一九八〇年代までは、競走馬資源の少なかったこと、地方競馬場での小回りコースに向いていたことなどでアラ系レースも盛んでしたが、ＪＲＡは九五年一二月をもって終了し、地方競馬においても激減し、全競走に占めるアラ系（限定）レース比率は一〇％になってしまいました。アラ系は、生産においてもさほど手がかからず高度な技術を要しないので、競走馬生産を始めるときよく飼養され、また複合経営に適合的でした。アラ系は、いわば農業的側面を強くもっていたのです。競馬の国際化、情報化とともにアラ系レースは淘汰され、生産においても専業・専門化・高度化が強いられてきたのです。サラ系は、気性が激しく本来乗用に向いていない品種であり、生産から競走に移るまで何段階にも分かれる育成が必要です。これらは価格に反映し、サラ系はアラ系の数倍〜数十倍の値段で取り引きされているのです。

＊　日本登録協会の場合、サラブレッドの定義は、その馬の血統全ての系統が一九八〇年一月一日以前に発行されている「日本のサラブレッド血統書」または「国際血統書委員会が承認した海外の血統登録機関の血統書」に登録されている馬へ遡ることができるもの。サラ系として登録されたものにサラブレッドとして登録されたものの連続八代以上の交配により生まれたもので、国際血統書委員会で承認されたものをいう。一方、サラ系の定義は、アラブ血量が二五％以下であり、サラ系種として登録したもの、およびサラ系として登録したものの少なくとも連続三代の交配により生まれたものをいう。

第４話　日本競馬の特質――ファンと馬産地

「はしがき」で、私は日本競馬の誇るべき特徴は大衆競馬にあるとしました。よく、イギリスの競馬は「貴族のスポーツ」、アメリカの競馬は「ブルジョアの遊び」といいます。その言に従えば、日本競馬の特徴は「大衆競馬」にあるというのが私の考えです。

それは、競馬を支える馬主も、生産者、ファンも「特権階級」のものではなく「大衆的」「庶民的」性格をもっているからです。

まず、日本の馬主の平均所有頭数は二頭強です。日本最大の馬主は社台ファームグループ、次はマイネル・コスモ軍団の岡田繁幸さんですが、いくつかの大きいところを除くとみな小頭数馬主です。しかも「一頭まるごと馬主」もいますが、一頭を何人かで（それを何頭か）持つ馬主も多いのです。[*1] 日本に本来のブルジョアはいないといわれていますが、一部上場企業の社長さんに馬主さんはめったにいません。これは日本の会社法人の仕組みとかかわります。日本の会社法人は、「法人資本主義」といって、社長さんといえども「雇われ社長」が多いのです。社長さんでも自由にお金を使える人でないと馬主にはなれません。[*2] したがって日本の馬主は、中小企業のオーナー、自営業、医者、タレント、そして有力生産者とクラブ法人が主力なのです。最近では、時代を反映してベンチャー企業、新興産業のオーナーが有力馬主になってきました。

つぎに、生産牧場は北海道日高地方に特化しており、生産牧場の多くが家族経営というのも日本の特徴です。日本の競走馬生産については、これから詳しくお話ししていきます。

ファン層の多くは、サラリーマン、自営業・従業員、自由業、ＯＬ、若者、年金生活者です。とくに中央競馬は土日に開催されるのでサラリーマン、ＯＬが多くなります（地方競馬はウィークディが多い）。日本のファンの好む馬券は圧倒的に連勝式（枠連、馬連、馬単、ワイド、三連勝、三連単）です。日本では五％に満たない単勝、複勝馬券は、欧米では三〇％に上ります。日本の国民は、世界一競馬を楽しみます。日本の競馬の特徴は「推理と知的スポーツ」といわれ、ファンは細かいデータを

図１-３　思い思いの横断幕をパドックに掲げ応援するファン

基に推理と予想を楽しみ、そして「夢」を追いかけます。

寺山修司が「競馬が人生に似ているのではない。人生が競馬に似ているのである」といいました。地方競馬やマイナーな血統の馬に「負け組み」の自分をダブらせたり、追い込み馬に自分の人生の「追い込み」を期待したり、日本人は「競馬」と「人生」をダブらせて語るのが好きなようです。一〇九連敗中（二〇〇五年五月現在）の高知競馬、ハルウララが人気・話題になるのも「日本ならでは」の現象でしょう。

だから、競馬が「知的スポーツ」いう側面をもっていて、しかも大衆競馬の延長として、多くのファンが馬産地を訪れる。名馬を訪ね、馬のいる風景にあこがれて日本各地から産地を訪れる。これは日本競馬の最大の特徴です。

＊１　共有馬主という。クラブ法人は馬主だが、その会員（愛馬会会員）は厳密には馬主ではない。
＊２　馬主になるための資格は、中央競馬は「九千万円以上の資産と一八〇〇万円以上の所得」、地方競馬は「所得五〇〇万円以上」である。実際に馬を所有すれば飼葉料がかかる。「大金持ち」でなくとも馬主にはなれるが、個人で資金・資産を利用できる者でないと馬主にはなれない。

第５話　クラブ法人のはなし

日本競馬の最大の特徴は、「大衆競馬」にあります。ファンは一般大衆、生産も農業・農民的な性格をもっています。馬主もごく一部を除くと零細馬主がほとんどです。とはいえ、馬主になるためには、一頭平均五〇〇～六〇〇万円の馬購入代金のほか預託料（競走馬の維持・管理費）を調教師に支払う必要があります。その預託料は、中央競馬で一カ月六〇～七〇万円、地方競馬で二〇～四〇万円かかります。ですから、競馬を支える大多数のファンが馬主になるのは容易ではありません。このギャップを埋めるのがクラブ法人です。一般ファンが馬主になるのは容易ではありませんが、競走馬に出資するという形で「擬似的な馬主」になり、馬主気分を味わうことが可能になるのです。

クラブ法人とは「自身は登録を受けた馬主で、しかも一般から共有ではない形態で投資を受けることについて、農林水産大臣の許可を受けた者＊」です。競走馬に出資しようという不特定多数の人（競馬ファン）が取引を行うのは、愛馬会法人と呼ばれる組織であり、クラブ法人と取引を行うわけではありません。クラブ法人と愛馬会法人は図1‐4のような関係です。愛馬会法人は顧客である競馬ファンからの出資金によって競走馬を取得し、クラブ法人に現物出資というかたちで競走馬を提供します。クラブ法人は中央競馬会の馬主登録を受けており（現在、地方競馬のクラブ法人はありません）、愛馬会法人から現物出資された競走馬をクラブ法人の馬として出走させるのです。この場合、馬主はクラブ法人という法人馬主であって、出資した競馬ファン個々人ではありません。この制度で出資したファンのことを「一口馬主」ということがありますが、これは厳密には間違いで、ファンはあくまで愛馬会法人の「会員」であって「馬主」ではありません。愛馬会法人は会員から集めた資金で馬を取得するのではなく、事前に取得した馬ごとに出資を募るという方法がとられます。そのため、会員への損益分配は馬ごとに行われており、会員は自分の選んだ馬の競走成績が自らの損益に直結することになり、「擬似的な馬主」気分を味わえるわけです。

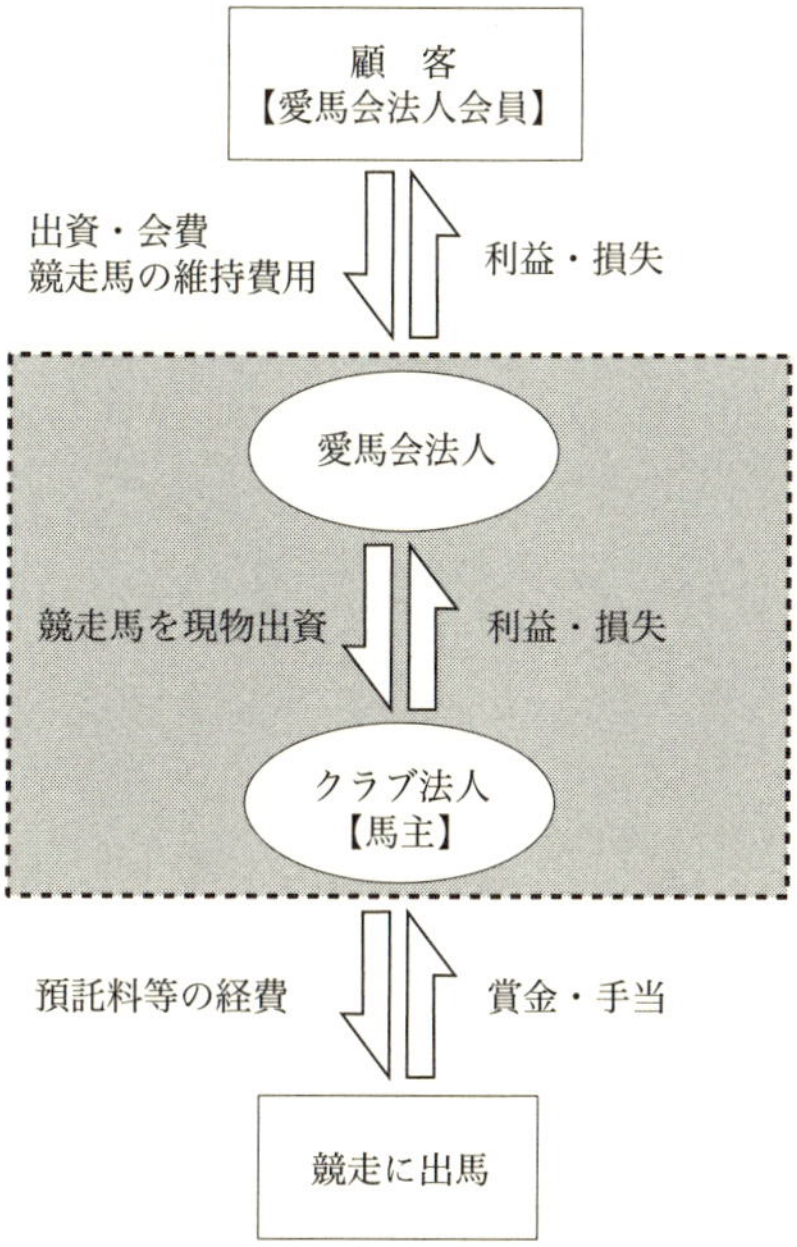

図1‐4　クラブ法人と愛馬会法人

この仕組みは、法制度的にみると、商品投資ということになり、商品ファンド法（商品投資に係る事業の規制に関する法律）によって規制されています。愛馬会法人、クラブ法人はともにこの法律に基づいた商品投資販売業者として許可を受ける必要があります。愛馬会法人のパンフレットなどに、「金農（３）第××号」などと記されていますが、これが商品投資販売業者の許可番号です。

現行制度では、クラブ法人と愛馬会法人は一対一の対応関係が決められており、複数の愛馬会法人が一つのクラブ法人に現物出資すること、逆に、一つの愛馬会法人が複数のクラブ法人に現物出資することは禁止されています。

＊　鍋谷博敏『軽種馬取引の法律問題』北海道新聞社、二〇〇四年、一六五頁。

第６話　クラブ法人のタイプ――生産馬提供型と購買馬提供型

現在日本にクラブ法人は一九あります（というよりＪＲＡと馬主会の話合いで一九に制限されています）。一九のクラブ法人は、法人側が愛馬会に提供する馬の性格からみてみると次の二つに分類できます。生産馬提供型と購買馬提供型です。もっとも生産馬提供型と購買馬提供型とに分けるとはいっても、前話でみたように、形式的には牧場（同一経営あるいは系列牧場であっても）からクラブ法人に所有権は移るわけであり、両タイプともクラブ法人が「購入」するという意味では、すべてのクラブ法人が「購入馬提供型」になります（クラブ法人所有の繁殖牝馬も出てきたようですが）。そこで、ここでは「実質的な意味」での分類であることをお断りしておきます（巻末表1）。

生産馬提供型は、クラブ法人を設立する動機が自己牧場生産馬の販売にあるタイプです。日本のサラブレッド生産はマーケットブリーダーが中心ですが、顧客を安定的に確保することはたいへん厳しい状況です。そのため、顧客を個人馬主に頼るだけでは限界があり、顧客の一部としてクラブ法人を設立したものです。

社台グループの二法人（サンデーレーシング、社台レースホース）はいずれも自己生産馬を募集対象としており、クラブ法人は生産馬の販売子会社的位置づけとみることができます。また、ヒダカブリーダーズユニオン（静内町中心）やターフ・スポート（日高東地区）、ロードホースクラブ（新冠町中心）は日高の牧場が共同して設立したクラブ法人で、いわば、競走馬生産者の共同販売組織としてみることができます。

サラブレッドクラブ・ラフィアンは、自らの牧場であるビッグレッドファームの生産馬と仕入れた生産馬の両方を顧客に提供していますので、生産馬・購買馬型とします。このタイプには大樹ファーム（含外国産馬）も含まれます。同じ購買馬といっても自ら（系列の）育成施設で育成するタイプ、他の育成施設で育成するタイプに分ける必要がありそうですが、複雑になりますのでここでは区分していません。

これに対して購買馬型は購入した馬を愛馬会法人に提供するタイプです。優駿ホースクラブやクローバークラブ（故・大川慶次郎氏主宰）が先駆的とされますが、その後、購入馬方式のクラブ法人はつぎつぎとできました。

クラブ法人の一般的な方式は次のとおりです。クラブ法人は、一歳馬を買い付け、買い付けた馬ごとに顧客から出資を募ります。クラブ法人は購入した馬の価格に維持管理・事務費等を上乗せした価格が募集価格となります。募集価格と購入価格の差額はクラブ法人の運営費・収益となりますが、募集をかけたものの満口にならないケースも少なくないので、すべての馬に収益が発生するわけではありません。

購入した一歳馬は育成・調教したのち、早ければ二歳夏から競走馬として供用します。預託料などの諸経費は出資した会員から口数に応じて徴収しますが、実際には発生した額を口数で分割するのではなく、定額で毎月徴収するのが一般的のようです。たとえば、一カ月の預託料を七〇万円とし、一〇〇〇口で募集した馬であれば、出資一口あたり徴収額は七千円となります。出資する顧客はその他に愛馬会の維持会費（三千円程度）も徴収されます。

募集をかけた馬が満口となり、さらにその馬が優秀な競走成績を上げることができれば理想的ですが、現実にはそのようなことは少ないようです。出資に応ずる顧客が少なければ、販売額が馬の仕入れ額を下回ることになり、預託料などの諸経費もクラブ法人の負担となります。一九あるクラブ法人のなかには経営困難になり、経営権を委譲したケースもみられます。

第７話　競走馬生産の日本的特徴

日本の競走馬生産の特徴は、（1）生産地が地域特化していること、（2）生産の歴史が浅いこと、（3）零細な家族経営牧場が多いこと、（4）古い馬産の習慣・構造が残っていること、の四点です。以上の点についてはこれからも折に触れて取り上げますが、あらかじめ簡単にお話ししておきます。

（1）生産地が地域特化していること

今日の馬産地は北海道、とくに日高地方に集中しています。戦後の競走馬生産は、戦前の軍馬、農用馬生産から出発しましたが、戦後競馬の発展とともに「産地も生まれ変わった」とみたほうがよいように思います。競馬の国際化がさらに北海道・日高地方に特化を促しました。また、サラブレッドは馬のなかでも皮膚が薄く、暑さに弱いということも北国・北海道への特化の理由といえるでしょう。

（2）生産の歴史が浅いこと

日本の競走馬生産は、「老舗の牧場」もありますが、実質的には戦後始めた牧場が多いのです。多くの牧場は高度経済成長期の一九六〇年代に始め、専業・主業として営むようになったのは、七〇年代の米減反政策以降のことです。

日高地方は北海道の他の農業地帯に比べ面積が狭かったので、規模拡大によって活路を見出すことは困難でした。そこへ、折からの競馬ブーム。あっという間に水田が牧草地に変わり、競走馬が

図1-5　家族牧場のクラシックな厩舎。2階に乾牧草が収納できる

米に代わる主役になっていったのです。

（3）零細な家族経営牧場が多いこと

日本の競走馬牧場は、一部に大規模な農外資本・企業牧場もありますが、圧倒的多くは零細な家族牧場です。現在ある企業経営も、家族経営の名残を根強くもっています。日本の競走馬生産は「趣味」や「名誉」のためというより、第一義的には「経済動物」「生活の糧」です。日本の生産者は、マーケットブリーダーがほとんどです。

（4）古い馬産の習慣・構造が残っていること

生産地には、今なお「前近代的」といえる古い制度・慣行が存在します。仔分制度と流通における商慣行がその最たるものです。「仔分制度」とは、繁殖牝馬を所有する馬主が種付料を支払い、生産者が他の生産手段を提供し、出来た産駒を分ける制度ですが、これは戦前にあった馬小作の名残です。また、競走馬の流通は依然として販売者と購買者との相対取引である庭先取引が圧倒的です。庭先取引は、そこに仲介者や代理人等、複雑で不透明な人間関係が入り込み、「前近代的」ともいうべき慣行が今も温存されています。仔分けも庭先取引も口頭での契約で、契約内容も曖昧な場合が多く問題を抱えています。

第8話　競走馬生産は農業生産か？

競走馬生産というのはどんな産業の仲間に入るのでしょうか。読者のなかには、競走馬生産は農業生産らしいけれど、そう言い切ってよいものかどうか、という方も多いでしょう。

ここまで私は、競走馬生産は農業生産であるという前提でお話ししてきました。しかし、この前提に疑問をもつ方もおられると思いますので整理しておきましょう。

ふつう、農業生産というのは、生産されたものが食料になるか（生食用または加工用）、衣料になるか（綿、麻、動物の毛皮）でしょう。

競馬ファンには少し残酷なお話になるとは思いますが，競走馬も食用として利用される場合があります。胆振支庁の早来町にと畜場があり、牛や馬の解体をしていますので、売れ残りの競走馬を現地では揶揄して「早来行き」というのです。しかし、もちろん食用は競走馬の主目的ではありません。競走馬は、競馬場で競走馬として使われるために生産される、スポーツ・文化、娯楽ないしギャンブルの対象でしょう。食料・衣料ではなく、観賞用に用いられる花・観葉植物も農業生産（樹木は林業）なので、競走馬は花に近いのでしょうか。

しかし、私が競走馬生産を農業生産の仲間に入れてよいと思うのは、次の理由からです。それは、競走馬生産が農地を利用し、動植物を生産（馬と牧草）することと、農民・元農民による生産が圧倒的に多いからです。第27話「競走馬経営のいろいろなタイプ」で、競走馬経営を大きくは企業競走馬と家族経営に分けますが、数のうえでは家族経営が圧倒的に多いのです。家族複合経営・高齢農家経営は、現在も米、畜産、野菜などとの複合経営です。また家族大経営や家族専業経営でも、自家用飯米や自家用野菜を作っている場合が多く、しかもこれらのタイプは一九七〇年代頃までは、米や畜産主体の農業生産者だったのです。企業経営も、とくにマーケットブリーダー（販売目的の生産者）の多くは元農民です。日本のトップブリーダーである社台ファームグループも、もとは酪農から出発した牧場です。企業経営で、農民とはいえないのは、もともとが道外資本であったメジロ牧場、トウショウ牧場、オンワード牧場などのオーナーブリーダー（自分が馬主となって、走らせる目的の牧場）に限られます。

農地法による農地の利用の制約と農民経営が多いという点は、日本の競走馬生産にとくに際立った性格かもしれません。

第9話　家族経営が中心になったのはなぜか？

前話で競走馬生産は農業生産といってよい理由を示しました。しかし、競走馬生産は農業生産であると同時に、生産物が食料・衣料でなくスポーツ・文化、娯楽ないしギャンブルの対象であること、一単位（一頭）あたりの価格がべらぼうに高く、個体ごとの差別化が大きいなど、農業生産らしからぬ要素ももっています。

戦後、競走馬生産の農政上の位置づけは曖昧になり、産地の人たちは農政上の位置付けの明確化を国に求めてきました。

諸外国においても預託生産は家族経営との繋がりが強いようですが、日本では競走馬生産の歴史が浅いこともあって、家族経営が支配的になっています。

ところで、日本において家族経営によって競走馬生産が担われてきた背景には、次のような特殊な条件がありました。

第一に、生産に必要な農地は、最近までの農地法では原則として農民（耕作者）しか所有・利用ができなかったのです。二〇〇〇年一一月に改正農地法が成立し、株式会社の農地取得が条件つきで認められました（農業生産法人の構成員のなかに従来認められなかった株式会社を追加）が、農業関係者以外の経営支配を避けるため、定款に株式譲渡制限を定めた株式会社に限っています。したがって、農外資本が牧場をつくるためには、農業生産法人にして農地を所有・利用するか、農地以外の土地

（山林原野の開発）を利用する以外ないのです。そのため、今日でも農外資本で、海岸から遠く離れた山地に位置している牧場があります。

第二に、一九六〇～七〇年代の競走馬生産への転換がなされた時期は競走馬資源がとくに不足していた時期であり、専門的な知識・技術のない農民でも容易に生産することができました。

第三に、競走馬生産に必要な資金を総合農協や競走馬団体からの助成・支援を受け、また生産資材の供給や競走馬の販売を総合農協・専門農協の事業を利用することによってまかなってきました。

第四に、戦後の競馬は長年にわたり、内国産馬保護策をとってきました。少なくとも一九八〇年代までの日本は、文字通り「内国産馬主体」の競馬体系であったといえるでしょう。また、日本の農政のなかに競走馬生産は位置づけられてこなかったとはいえ、ＪＲＡの国内生産者に対するさまざまな形での保護政策があったのです。

第2部 競走馬のサイクルと牧場

第10話　競走馬のサイクルと一生

生まれた仔馬（産駒）は、育成・馴致・調教という競走馬としての訓練を経て競馬場で出走します。競走馬として出走できるのは、二歳の誕生日がきてからです（中央競馬では六月中旬の函館開催から）。現役競走馬は大体七～一〇歳くらいまでですが、現在の最高齢は、中央競馬ではマキハタスパート（一一歳）、地方競馬ではオースミレパード（高知競馬、一四歳）がいます（二〇〇五年五月現在）。

引退の時期は個体差がありますが、牡馬より牝馬のほうが早く（繁殖牝馬にするため）、また地方競馬所属馬より中央競馬所属馬のほうが早く引退する傾向にあるようです。また中央競馬と地方競馬とのあいだ、地方競馬間を移動（転厩）することもあります。地方競馬から中央競馬に転厩するのは若いとき（二～三歳）、逆に中央競馬から地方競馬に転厩するのは古馬になってからが多いようです。

現役の競走馬を引退した後は、仕向け変更（繁殖馬、乗用馬、実験馬、使役馬、先導馬、当て馬）になるか廃用になります。引退馬のうち牝の約三割は繁殖牝馬として、ごく一部の牡は種牡馬として配合に加わります。

こうして競走馬は生産─出走─繁殖のサイクルを繰り返します。競走馬の種付けは三～六月に行われ、約一一カ月の妊娠期間を経て年明け～春に出産します。そして離乳（当歳一〇月）までは母馬とともに生産牧場で飼養されます。離乳の後は、そのまま生産牧場にいるか育成牧場（分場）に移り中期育成を行います。さらに一歳秋になると育成牧場で育成・馴致され（後期育成）、二歳の春にな

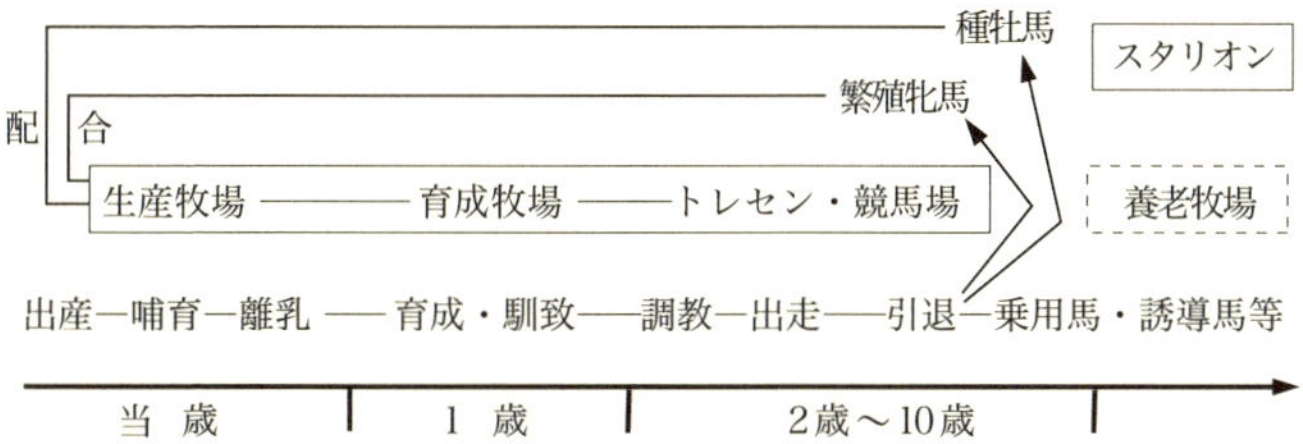

図2-1　競走馬の一生

るとトレセン周辺の育成牧場・競馬場に入り、本格的な調教に入ります。

なお、競走馬の年齢のいい表し方は、日本では二〇〇〇年までは「数え年」によっていましたが、二〇〇一年より国際ルールにあわせ「その出生年の一月一日に遡って起算する」(南半球は八月一日)となりました。その結果、生まれた年の産駒は当歳、次年は一歳、以下二歳、三歳と呼ぶようになりました。

また繁殖年齢は、牝馬は一五~二〇歳くらいまで(歳をとると繁殖能力、産駒の競走成績が落ちる)、種牡馬の種付けは二〇歳くらいまでです。なお、馬は「一般に三〇歳を越えると天寿を全うしているといわれ*」ています。シンザンが三六歳まで生きたのは長寿といえるでしょう。しかし、競走馬は「経済動物」であるので、寿命を全うする馬はわずかです。

*日本中央競馬会競走馬総合研究所『馬の医学書』チクサン出版社、一九九六年、三五頁。

第11話　引退後の競走馬

現役の競走馬を引退した後、馬は、どんな人生ならぬ「馬生」を送っているのでしょうか。第10話で、「現役の競走馬を引退した後は、仕向け変更になるか廃用」になる旨を書きました。しかし、現役競走馬を引退し繁殖馬や乗用馬になったとして、その後はどうなっているのでしょうか。

図２-２を見てください。現役競走馬は引退すると、牝馬の約三割は繁殖牝馬として生産牧場（自分が生まれた牧場とは限らない）に戻ります。ＧⅠ*勝馬などごく少数の牡馬は、種牡馬としてスタリオンに繋養・管理されます。また、乗用馬として使われるものもあります。これには一般乗馬施設での乗用馬・練習馬になる場合と、馬術連盟などの乗用馬登録をして正式な馬術試合に出る場合とがあります（乗用馬の約一割）。この図では、一般乗用馬、登録乗用馬、名目乗用馬を初めから区別して書いていますが、実際は、名目乗用馬→乗馬調教（淘汰）→一般乗用馬→登録乗用馬、さらに登録乗用馬→（登録抹消）→一般乗用馬と厳しく選別・淘汰されるようです（乗用馬には、軽種馬以外の専用の乗用馬がいますが、日本の場合おもに経費の関係で軽種馬を使用しています）。そのほか引退馬は、実験馬、誘導馬、使役馬、当て馬、観光用の馬車などに使われます。競走馬を「第一の馬生」とすると仕向け変更馬は「第二の馬生」と呼べるかもしれません。図では広義の引退馬（現役競走馬を引退したすべての馬）と狭義の引退馬（一般仕向け変更馬と「第二の馬生」を引退した馬）に分けました。この区分は、これから引退馬や養老馬の処遇を議論するとき必要になるでしょう。

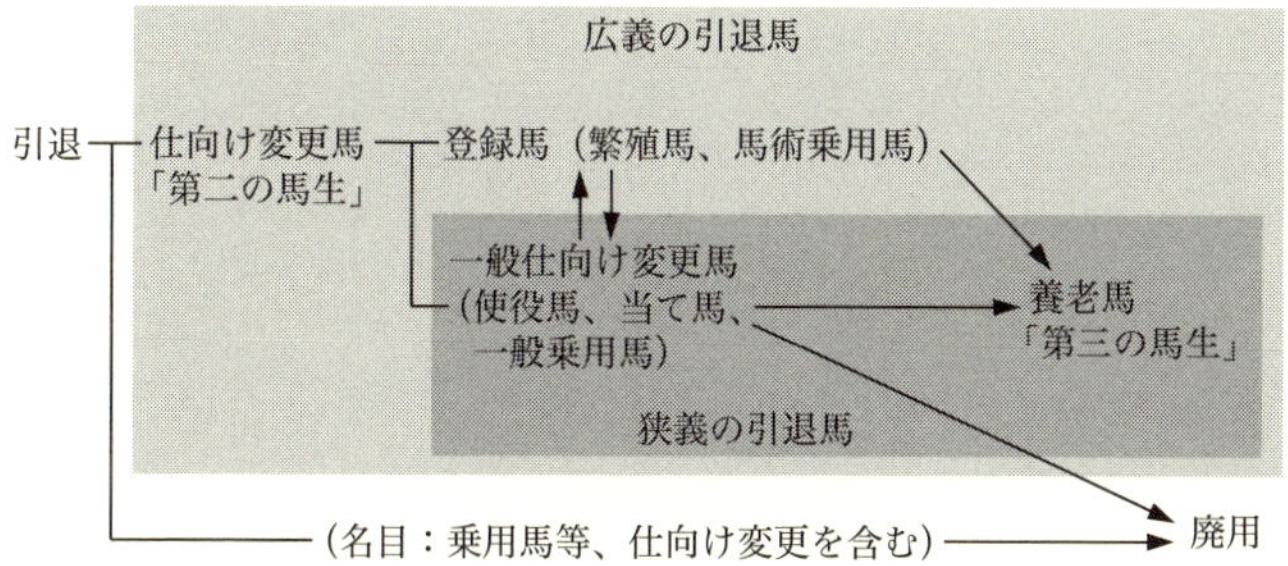

図2-2　引退馬と養老馬の関係

注）馬術乗用馬：日本馬術連盟および全国乗馬倶楽部振興協会の乗用馬登録を受けた馬。一般乗用馬：一般乗馬施設などで登録を受けないで乗用馬として使用している馬。

仕向け変更以外の馬は廃用になります。廃用は、競走馬や乗用馬の事故・死亡の場合もありますが、「天寿を全うせず」にと畜場や死亡獣取り扱い場（へい獣処理場）に行く場合が多いのです。それから、残念ながら乗用馬などの仕向け変更という名目でも実際は廃用になっている場合もあるようです。「第二の馬生」を終った馬が文字通りの養老馬（図ですと「第三の馬生」）です。

ひところより減ってきたとはいえ、今でも競走馬〈サラ系、アラ系〉は年間八千頭以上生産されています（二〇〇三年八三四八頭、〇二年八七七〇頭『軽種馬統計』）が、人口ならぬ「馬口」は約千頭減っています（二〇〇四年一四八九頭減、〇三年九一一頭減、農水省『馬関係資料』）。また、近年の地方競馬の閉鎖で行き場のない馬が増え、毎年九五〇〇～一万頭の競走馬が死亡している計算になります。しかし、天寿を全うしてお墓をつくってもらえる馬は、そのなかのごくごくわずかな馬です。

じつは、日本では引退後の競走馬の「馬生」に関する実

図２-３　乗用馬になったサラブレッド

態は、ほとんど明らかではありません。というより、関係者のあいだで、ある意味ではタブーであったといってよいのかもしれません。欧米では馬を「コンパニオンアニマル」（人間の友）と考え、アニマルウェルフェア（動物福祉）の思想が広がるなかで、競走馬の引退後飼養の仕組みもつくられているといわれています（とはいえ欧米でも馬の虐待事件はあるようです）。馬の「余生」に対する扱いは、今後の日本の競馬文化・馬文化の発展のために問われている大きな課題だと思われます。

＊　ＧⅠ馬とは、ＧⅠレースの優勝馬をいう。ＧⅠレースとは、最も格の高く、競走体系の根幹になるレース

をいう。多くのレースのなかで、一流馬だけの、歴史のある重要性の高いものを重賞レースというが、これをその重要度に応じてＧⅠ、ＧⅡ、ＧⅢとに分けている。ＧはGrade の頭文字である。中央競馬・地方競馬とも、今ではグレード制をとっているが、地方競馬は統一グレードである。中央競馬では二〇〇五年に重賞レースは一一八、ＧⅠは二一、組まれている。

第12話　競走馬牧場の地域分布

現在、競走馬牧場は全国で一六一四ありますが(二〇〇三年)、地域別には北海道、東北、関東、九州に限られています(巻末表2)。また、生産道県のなかでも特定の市町村・地域に偏っています。これらの地域は、戦前に種馬場、御料牧場、馬市場があった旧馬産地帯でありその伝統が引き継がれていますが、戦後はだいぶ変化してきました。現在ある競走馬牧場の地域的特徴をみていきましょう(数値は二〇〇〇年のもの)。

○北海道・日高地方――全国の生産者数の六七％、サラ系生産頭数の七二％を占めています。生産者は家族経営が中心とはいえ、中・上層規模の企業経営もあります。かつてはほとんどの牧場が生産牧場だったのですが、今日では大規模牧場のみならず、中堅規模以上の牧場では育成部門をもち、育成専門牧場もできてきました。一九九三年、日高・浦河町にＢＴＣ(軽種馬育成調教センター)ができてから、産地育成の性格も変化し高度化しました。

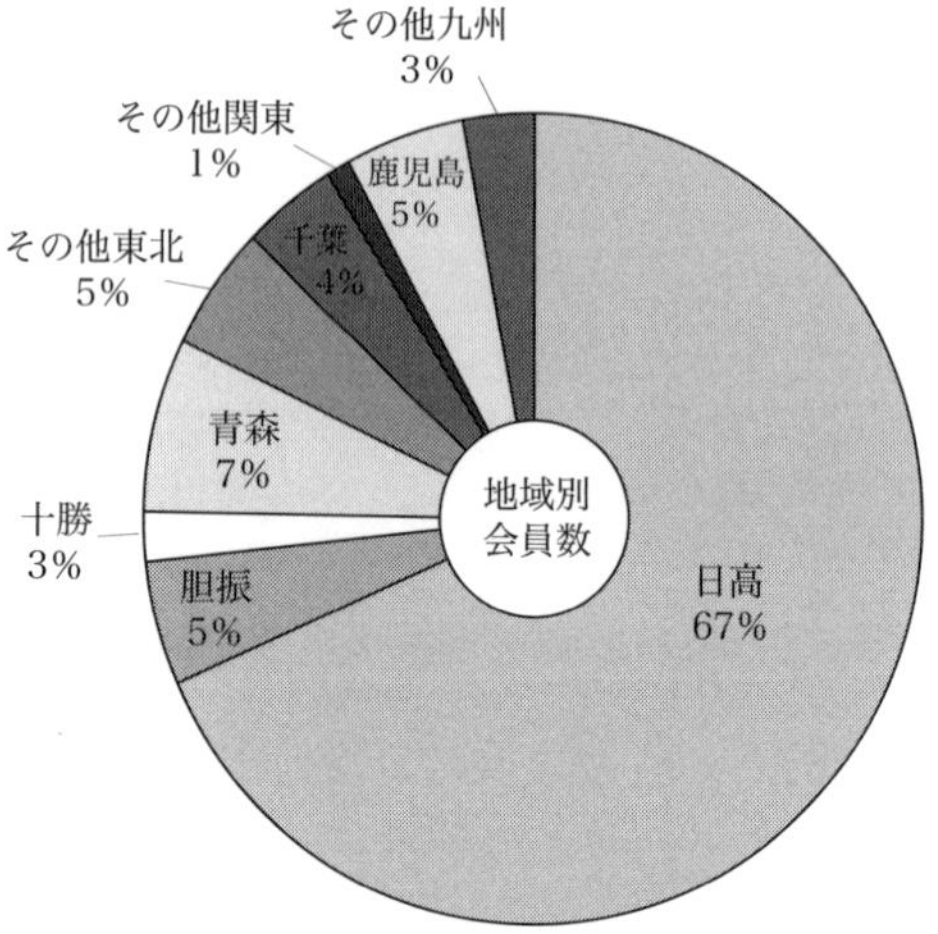

図２-４　2000年の地域別会員数（牧場数）

○北海道・胆振地方――日高と地続きの胆振東部以外は競走馬牧場が点在しています。全国の生産者数の五％と少ないのですが、生産頭数はサラ系の二三％を占めています。この地域は社台ファームグループを始め名門大牧場があり、高度な育成施設をもつ育成分場・支場も多いからです。しかし同時に、水田、畑作、野菜との複合家族経営の多い地域でもあります。

○東北地方――戦前の東北地方は有数な馬産地帯でしたが、今日の牧場は青森、岩手、宮城、福島といった太平洋側の県に限られています。一部に大規模牧場があり育成部門を抱えますが、全体的には規模は小さく複合経営も多いのです。戦前の名門小岩井農場は、財閥解体令によりサラブレッド生産はやめてしまいました。宮城県には、社台グループの山元トレセンがあります。

○関東地方――戦前の関東地方には、下総や那須に競走馬名門牧場が多くありました。現在、千葉、栃木、茨城に生産牧場がありますが、生産地域としての比重は低くなり、代わりに育成地域としての比重が増しています。中央競馬の美浦トレセンが近いため、競馬場の「外厩的性格」（競馬場・

トレセンの補完、即戦力になるまで調教）をもつようになってきました。
○関西地方──関西地方には競走馬の生産牧場はなく、高度な施設・技術をもつ育成専業牧場のみが存在します。「外厩的性格」の牧場は、滋賀県栗東市を中心に、三重県、京都府、奈良県に点在しています。
○九州地方──生産は、今日では鹿児島、宮崎、熊本の南九州各県に限られています。かつては「産地競馬」の性格をもっていましたが、その位置づけは弱くなりました。一部に大規模牧場があり育成部門を抱えますが、零細・複合経営が多く、生産者は激しく減少しています。
なお、日本軽種馬協会の支部は、北海道を除いて基本的には県ごとの支部でしたが（北海道は日高支部、胆振支部、十勝支部）、二〇〇五年四月一日より、東北（青森）支部、岩手県支部、宮城県支部の三支部は東北支部に、福島県、群馬県、埼玉県、千葉県の四支部は関東支部に、熊本県、宮崎県、鹿児島県の三支部は九州支部に合併されました。北海道はそのままです。

第13話　「優駿のふるさと日高」の誕生（戦前編）

北海道日高地方は「優駿のふるさと」として、全国に名を馳せています。日高は戦前からの馬産の歴史がありますが、競走馬牧場は点的存在であり、また、戦後しばらくのあいだは、日高の全国競走馬生産シェアはわずかでした。では、どのようにして今日の「優駿のふるさと日高」が誕生し

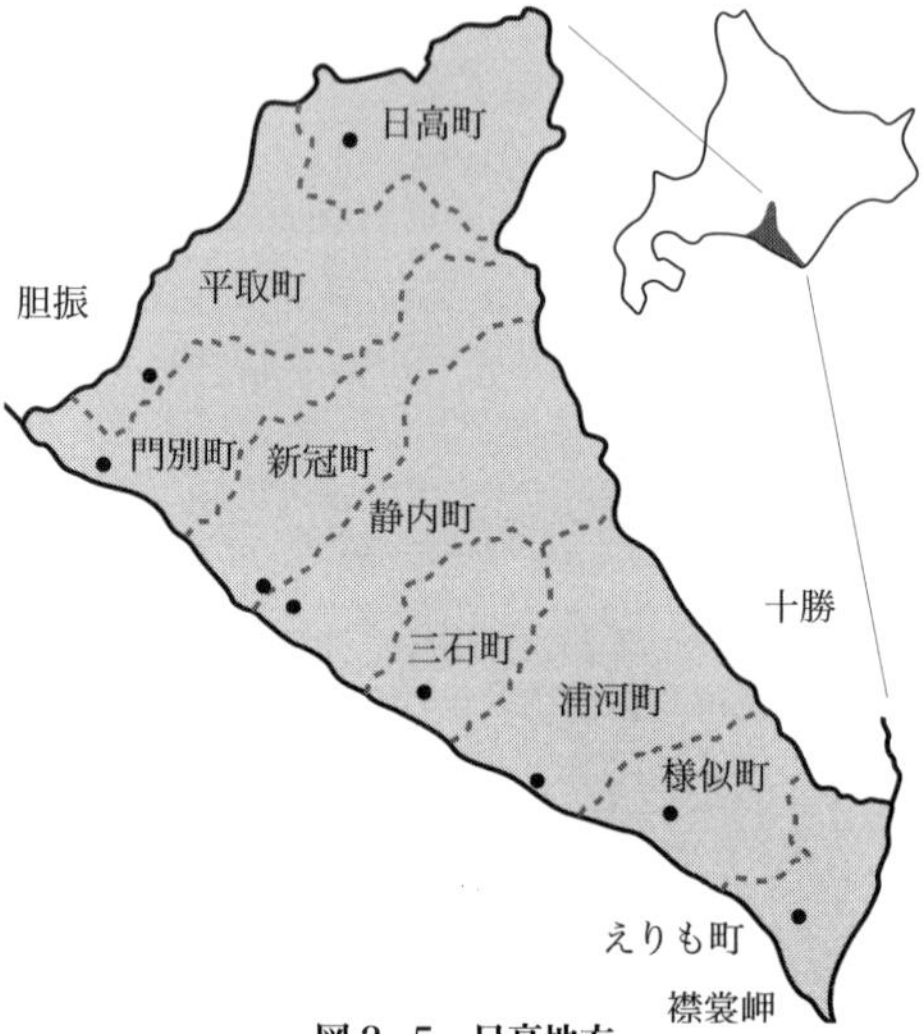

図２-５　日高地方

たのでしょうか。二話にわたり、その秘密を探ることにします。

日高地方の気候は、北海道のなかでは温暖で雪も少ない地域です。しかし、濃霧発生地帯であり火山灰地が厚く被覆しています。そのため、農業としては普通作目よりむしろ畜産に適切であり、古くから馬産地として位置づけられてきました。

日高の馬産の起源は、文化年間（一八〇四～一八年）の駅馬の配置に始まります。安政五年（一八五八年）には、幕府が元浦河に馬牧を設置しました。馬牧は明治になって廃止されましたが、収容馬約五〇〇頭は三石・浦河・様似などの民間人に貸与されました。その後、明治五年（一八七二年）には、小型馬を大型化して広い用役に適応する改良を認めた当時の開拓使・黒田清隆によって「新冠牧場」が開設されました。新冠・静内にまたがる約六七〇〇町歩のその土地にはミヤコザサなどの野草が繁茂しており、放牧にも好都合だったのです。新冠牧場が整うまでに約一六年を要していますが、この間に大きな役割を果たしたのが、開拓使雇いのアメリカ人、エドウィ

図2-6 日高種馬牧場（浦河町，1909年頃）

ン・ダンです。新冠牧場は彼の設計による近代的な西洋式牧場であり、厩舎・官舎・見回舎・牧柵などの施設を始め、静内方面に広大な飼料畑を開墾するなど、北海道馬産政策の拠点として整備しました。明治一五年（一八八二年）に開拓使が廃止となると、新冠牧場は明治一七年（一八八四年）に御料牧場となりました。御料牧場の目的は、西洋文化にならって皇室が行幸の際に馬車を利用するための馬の生産であり、また、交通運搬手段、農耕用に使う大型馬匹の需要に応えるためでした。三年後にはこの牧場にサラブレッド種が輸入され、日高地方の競走馬生産に大きな影響を与えました。

戦前の馬政は、「富国強馬」の名のごとく軍馬改良にその目標がありました。明治初期の日本の在来馬は小型の馬で、とくに騎兵の馬にいたってはロシアのコサック馬に比べあまりにもお粗末でした。そこで政府は馬政計画を立て馬の改良に取り組みました。戦前の競馬振興も軍馬改良のためにありました。どうして競馬が軍馬の改良に結びつくかといえば、サラブレッドは直接軍馬にはなりにくいけれど、一般改良のための原々種となるほか、競馬が馬の売買を活発にし、飼養管理の改善や乗馬技術を向上させるからです。馬政計画では、全国馬産地を役種別に乗馬産地、輓馬産地、小格輓馬産地、重輓馬産地に分け生産奨励を行いましたが、乗馬産地として日高が指定され、しかも「重なる種の血統」として第一位にサラブレッドがあげられています。第一次馬政計画に基づき、明治四〇年（一九〇七年）には浦河町に農林省日高種馬牧場が開設されました。

しかしながら、戦前のサラブレッド生産では下総御料牧場（千葉）と小岩井農場（岩手）が「横綱的存在」であり、そして日高地方は長いあいだ、馬産そのものが日高農業の主流をなすことはなく、むしろ農業の中心は大豆、小豆、あわ、そば、馬鈴薯などに大麻、藍、漆などの工芸農産物を加えたものでした。

第*14*話「優駿のふるさと日高」の誕生（戦後編）

第12話で、全国競走馬産地の分布とそれぞれの地域特徴を見てきました。今日、日高の競走馬生産の全国に占める割合は、生産者数の六七％、生産頭数の七三％、種牡馬の六九％、繁殖牝馬の七一％です。さらに日高地域には、産地育成施設、セリ市場などの公的施設・関連産業が集積しています。世界的にも、イギリスのニューマーケット、フランスのシャンツィイ、アイルランドのダブリン、アメリカのケンタッキーなどの競走馬集積地がありますが、日高ほど集積度の高い地域はないでしょう。

じつは、今でこそ競走馬生産は北海道に集中し、日高は「優駿のふるさと」として、全国に名を馳せていますが、戦後の馬産が開始された一九五五年には日高は全国の一四％、北海道全体でも一七％に過ぎなかったのです（巻末表2参照）。当時、日高の牧場をしのぐ牧場数を誇っていたのは、太平洋側東北各県と南九州各県でした。日高は全国的には競走馬生産の数ある地域の一つに過ぎなかったのです。戦後の馬産新興地帯は北海道、青森、千葉です。しかし、青森や千葉は牧場数で一時増加したものの、すぐ減少に転じました。それに対し、北海道のみが生産地帯としての役割を拡大してきたのです。

図2-7　その名もサラブレッド銀座（新冠町）

競走馬経営は、放牧地、採草地、馬場、施設用地などの広大な土地が必要であり、北海道以外は都市化・地価高騰のあおりを受け、また、労働力の高齢化、後継者難によって牧場数は減少しています。また、競走馬生産は、種牡馬を始め、生産資材、馬具、獣医、装蹄、馬輸送、共済・保険、情報、支援組織等関連産業と関係をもつことなしには成り立ちません。そのため、馬産は主産地に集積する傾向にあり、日高地方が戦後競馬の発展とともに日本馬産の主要集積地になってきたのです。

戦後の競走馬産地は旧馬産地から引き継がれたとはいえ、戦前の馬（軍馬、農耕馬）と競走馬とは、飼養管理・技術やコスト体系が異なり、馬が競走馬として特化するにつれ、旧馬産地の多くは解体・縮小し、北海道・日高地方のみに集中するに至ったのです。つまり、戦後、日高は「生まれ変わった」のです。また、競馬の国際化は、さらに高度な飼養管理・技術と関連施設・組織を必要とし、そのことが日高をさらに集積地にさせたのです。

第15話　牧場の種類

日本には一六一四の競走馬牧場があります（二〇〇三年）。しかし、同じ競走馬牧場とはいっても、経営・資本の性格、経営内容などによって多種多様です。

このうち、経営・資本の性格から牧場を分けると企業経営と家族経営とに分けられ、さらに、企業経営は本来の企業経営（それにも大企業牧場と中小企業牧場とがある）と家族大経営に、家族経営は家族専業経営と家族複合経営・高齢農家経営とに分けられます（第27話、競走馬経営のいろいろなタイプ）。また、牧場の仕事内容（機能）からみると、生産牧場、育成牧場、種馬場（スタリオン）、養老牧場等に分けられます。

生産牧場とは、繁殖牝馬を保有し産駒を生産・販売する牧場であり、品種別にはサラ系経営とアラ系経営に分けられます。アラ系の飼養は比較的管理しやすくコストも安いので、初めて競走馬を扱うときや複合経営に向いていました。しかし、アラ系競走の縮小にともない生産はどんどん縮小しています。JRAのアラ系競走は一九九五年度をもって終了し、地方競馬におけるアラ系競走も八九年の一万二〇二四レース（五一％）から二〇〇四年の一六五八レース（一一％）へと減少したのです。その反映で、七〇年の競走馬経営（三一三五）のうちアラ系主体経営は五三％だったのですが、〇三年には六％になってしまいました。競走馬牧場の数は七〇年から〇二年に半減したのですが、とくに減ったのがアラ系経営、複合経営、府県の零細経営です。

次に育成牧場です。育成牧場とは、産駒を競走馬に仕上げるために育成・馴致・調教する牧場のことです。生産・育成を兼ねた牧場も近年増えてきましたが、そういう兼営牧場を合わせても育成牧場は全体の二割にはなりません。育成には、初期、中期、後期の育成があり、育成牧場は中期育成から、または後期育成から専門に育成に携わるのです。育成牧場は立地的には、産地育成牧場とトレセン周辺育成牧場とに分けられます。北海道や日高地方の牧場は、ひと昔前はほとんどが生産牧場だったのですが、近年、育成牧場が増え、また、生産牧場のなかでも育成が重視されるようになりました。

さらに、種牡馬を飼養する牧場はスタリオンといいます。これも、ひと昔前までは個人牧場で種牡馬を飼養・管理することもあったのですが、近年は競走馬商社、協会・農協系、大牧場による共同経営・管理（法人）がほとんどで、個人牧場で飼養しているのは趣味的、顕彰的になってきました。

このほか牧場に、競走馬（乗用馬）を引退したあと預託して飼養する養老牧場もあります。

養老牧場についてはは第18話で、スタリオンについてはは第4部で、育成牧場についてはは第5部で詳しくお話しします。

第16話　オーナーブリーダーとマーケットブリーダー

日本の競走馬生産の際立った特徴は、マーケットブリーダーが中心となって構成されている点にあります。よく「欧米の牧場はオーナーブリーダー中心、日本の牧場はマーケットブリーダー中心」といわれています。それは、牧場の比率はともかく、中核的な牧場が日本はマーケットブリーダー、欧米はオーナーブリーダーだからでしょう。日本の場合、家族経営や中小の牧場だけでなく、産地資本は社台ファームグループを含め圧倒的多くがマーケットブリーダーです。マーケットブリーダーとは、「販売を目的として生産を行う」牧場です。オーナーブリーダーとは、「自己の名義等で競走に使用する目的で生産を行う」牧場です。欧米にも中小のマーケットブリーダーが存在しますが、日本のように「売り馬だけ」で生計を立てているわけではないのです。

日本の場合、典型的なオーナーブリーダーはメジロ牧場（胆振の洞爺、伊達）、オンワード牧場（浦河）、トウショウ牧場（静内）、錦岡牧場（新冠・ヤマニン冠）、バンブー牧場（浦河）、ベルモントファーム（新冠）、スピードファーム（新冠）、カントリー牧場（静内・タニノ冠）、コアレススタッド（平取）、雅牧場（平取・ダイタク冠）、北陽ファーム（門別・イブキ冠）、リワード牧場（浦河）、北海牧場（門別）等わずかです（冠とは馬名の最初につく名称）。これらの牧場は自己生産馬（仔分・預託もあり）のみの出走ですが、自己馬以外にも購入して走らせるオーナーブリーダー的牧場として、西山牧場（胆振の鵡川・セイウン、ニシノ冠）、ノースヒルズマネジメント（新冠・旧マエコウファーム）、エクセルマネジメント（えりも・旧えりも農場）、タガノファーム（新冠）、シンボリ牧場、栄進牧場等があります。

これらの牧場はほとんどが農外資本・道外資本です。農外資本は、農地法で農地を所有・利用することができないので、これらの牧場は山林原野を開発して草地にするか、農民との共同経営（農業生産法人）にして草地を利用しています。また、これらは、クラブ法人の経営を行っていないという点に特徴があります。

図2-8　日本の代表的オーナーブリーダー・メジロ牧場の看板（洞爺村）

ところで、自己生産の馬を自分名義で走らせることをオーナーブリーディングといいます。日本の場合、マーケットブリーダーの一部、とりわけ企業牧場は多かれ少なかれオーナーブリーディングしています。家族牧場でもオーナーブリーディングすることが増えてきました。オーナーブリーディングの目的は、自己生産馬を走らせてみたい、競走馬上がりを繁殖に使うためというのが多いのですが、近年は販売不振のため競走馬として使うといったものもあります。この場合、中堅・大牧場は中央競馬、中小牧場は地方競馬で使うという傾向があります。

日本最大の牧場である社台グループは、基本的にはマーケットブリーダーです。マーケットブリーダーとして成功した結果、その余力でクラブ法人を運営し、さらに自己名義の馬を所有、走らせることが可能になったのです。社台グループが成功したのはマーケットブリーダーとしての成功もありますが、それにもましてノーザンテースト、サンデーサイレンス等種牡馬事業の成功に負うものでした。

日本の競走馬生産の特徴は、マーケットブリーダーが中心にあるとしましたが、そのことが、競走馬経営の硬直的性格（不況に対応しずらい）をつくりました。さらに、日本の血統神話の強さや当歳取引が存在するということも、マーケットブリーダー中心であることから生じる現象です。

第17話　引退馬里親制度――フォスターペアレントの会

引退馬（狭義）がその後も飼養されるときは、生産した牧場に引き取られることもありますが、行き場のない馬を他の牧場が引き取り飼養する場合もあります。第11話の図でいう「第三の馬生」を飼養する牧場を養老牧場と呼んでいます。しかし、養老馬は競走馬のように「経済的見返り」はないので、馬の飼葉代、管理費は「見返りのない」出費であり、養老牧場を営むのは、経済的にも精神的にも大変なことです。その大変なことを、今まで多くはボランティア的に任せていました。

では、現在、全国にどれだけの養老牧場があり、養老馬が飼養されているのでしょうか。そのような統計は存在しません。そこで①競走馬だったこと、②現在繁殖登録、乗馬登録を行っていないこと、③一般乗用馬（民間乗馬施設などで乗用馬を主目的として使用されている）でないこと、④預託馬（含里親制度の馬）であること、を条件にインターネットで調べたところ、全国で二二カ所の牧場（うち北海道一一カ所）で計七二頭（うち北海道四六頭）いました（二〇〇四年一二月）。しかし、実際には把握されない牧場や馬のほうが多いのかもしれません。

こんななかで競走馬の「生きる権利」「充実した第二の馬生を送る権利」を掲げ、全国から里親を募り里親の会費で引退馬を預託する「里親制度」をつくる人たちが現われました。「イグレット軽種馬フォスターペアレントの会」（代表・沼田恭子さん、一九九七年一二月発足）です。この会が目指すことは、馬と人がお互いのよきパートナーの関係を築き、引退競走馬が充実した「第二、第三の馬生」を送ることができるよう馬と人との共生を図ることにあります。この会は、里親制度の運営のほか、馬の引き取り・飼養相談、馬の福祉活動、対外的援助活動等に取り組んでいます。この会で現在里仔の馬は、グラールストーン、ハリマブライト、トウショウフェノマ、シンボリクリヨン（以上千葉県佐原市乗馬クラブ・イグレット）、ナイスネイチヤ、セントミサイル、ウラカワミユキ（以上北海道浦河町渡辺牧場）の七頭です。会員は六六〇名（一般会員九二名、フォスターペアレント会員三二六名、賛助会員三〇六名――二〇〇五年六月一日現在）います。設立当初は会の運営も厳しかったようですが、今は関係者の理解も得られ運営も順調なようです。

また、会は二〇〇五年には、同じ理念でより多くの引退馬を預託できるよう、引退馬の共同馬主支援プログラム「引退馬・ネット」を立ち上げました。

図２-９　フォスターペアレントの会の牧場ツアー（浦河町・渡辺牧場）

表２-１　「引退名馬けい養展示事業」年次別頭数の推移（単位：頭）

年　度	1997	1998	1999	2000	2001	2002	2003	2004	2005
年度初	29	48	61	69	79	81	92	107	143
年度末	28	45	53	63	67	70	83	105	－

注）「引退名馬けい養展示事業」の馬とは、（1）中央競馬開催の重賞レース勝馬であること（障害レース含む）、（2）現在下記のいずれにも該当しない馬であること。①中央競馬および地方競馬の現役競走馬、②（財）日本軽種馬登録協会の繁殖登録馬、③（社）日本馬術連盟の乗用馬登録馬、（社）全国乗馬倶楽部振興協会の乗用馬登録馬、（3）多くの人々や競馬ファンに常時展示し、ふれあえる施設に繋養されていること。

資料）（財）軽種馬育成調教センター資料により作成。

ＪＲＡ関係では、一九九六年に「引退名馬のけい養展示制度」が発足しました。これは引退功労馬（中央競馬重賞勝ち馬）を飼養している民間施設に軽種馬育成調教センター（ＢＴＣ）が毎月三万円の飼育費を助成するものです。この制度によって、いままで（二〇〇四年末）一五四頭が助成対象になっています。「中央競馬重賞勝ち馬」という限定があるとはいえ、日本の引退馬・養老馬の余生を図るうえで一歩前進といえるでしょう。

第*18*話　養老牧場のはなし――渡辺牧場

今回は、日高地方の「養老牧場」として浦河町絵笛の渡辺牧場を紹介しましょう。渡辺牧場は「フォスターペアレントの会」の里仔も受託しています。

渡辺牧場は、かつて、ナイスネイチャ（高松宮杯）やセントミサイル（クリスタルＣ）という名馬を生産した牧場です。

渡辺牧場の家族構成は、ご主人の一馬さん、奥さんのはるみさん、お父さんの親一さんと四人の子供たちの七人家族です。それに馬二十数頭、猫一九匹、犬二匹とを加えると「大家族」です。

渡辺家は初代の五郎右衛門さんが明治時代に兵庫県・但馬から入植しました。戦前は水稲や畑作を経営していましたが、一馬さんの祖父源助さんの時代にアラ系の馬（軍馬）も飼養していました。お父さんの親一さんの時代にサラ系も導入し、競走馬専業経営となりました。現在の経営主一馬さんは馬の三代目になります。一馬さんは六九年に東京の駒場学園高校の装蹄課を卒業後、大井競馬場で修業したのち日高に戻り、七六年には経営を引き継ぎました。はるみさんと結婚したのは八九年です。

渡辺牧場が養老馬を飼養するようになったのは奥さんのはるみさんの影響が大きかったようです。もちろん養老馬飼養は一馬さんや親一さん、子供たちの理解と協力があってのことで、現在は家族が一体となって経営を支えています。

はるみさんは三重県生まれの愛知県育ち。子供の頃からいつも猫や犬と暮らしていました。動物を助ける夢を実現するため岐阜大学農学部獣医学科に入学しました。そして大学一年生の夏は根室地方・別海町の酪農家で牛の、二年生の夏は日高地方・浦河町の渡辺牧場で競走馬の実習をしました。この渡辺牧場の実習以来、はるみさんは馬にすっかり惚れ込むようになったのです。はるみさんの馬とのかかわりや動物への思いは、渡辺はるみ著『馬の瞳を見つめて』（桜桃書房、二〇〇二年）に詳しく、とても感動的な本ですので読者の皆さんもぜひ読んでください。

渡辺牧場の現在の経営は、一〇haの採草・放牧地に繁殖牝馬四頭（自己馬三、預託馬一）と養老馬一〇頭、その他に引退生産馬（収入のない養老馬）が七頭います。労働力は夫婦とお父さんの三人ですが中学生の長男、次男も馬の飼葉づけを手伝ってくれます。

養老馬一〇頭のうち、五頭は渡辺牧場の生産馬、五頭は他の牧場での生産馬です。生産馬は、引退時にできるかぎり引き取るようにしていたので、引退した馬が戻ってくると増えていきました。

図2-10　動物たちと渡辺一馬・はるみ夫妻

また二〇〇一年には、ペアレントの会との繋がりができ、会の里仔として三頭受託しています。会の預託馬はナイスネイチャ、セントミサイル、ウラカワミユキです。BTCの助成事業の対象馬はナイスネイチャ、セントミサイルのほかにコーセイ(中山記念)がいます。

渡辺牧場は最高時には九頭の繁殖牝馬がいましたが、養老馬、引退生産馬の増加に比例して繁殖牝馬は減っていき現在は四頭です。養老馬は、ペアレントの会などは安定した収入が入りますが、他の養老馬の預託費は滞りがちで、引退生産馬は無収入ですので経営的にはとても厳しいようです。

はるみさんの願いは、基本的人権ならぬ「基本的動物権の尊重」にあります。すべての馬が天寿を全うするに越したことはありませんが、それがかなわぬのなら、たとえ命短くともよい環境で生かされ幸せに暮らし、死ぬときはせめて恐怖と苦

図２-11　渡辺牧場にある馬のお墓

痛をできるかぎり取り除いてやりたい、ということです。

私は、先進国であるか否かの基準は経済力の大きさではなく、「いかに人権（とくに弱者の）が守られているか」にあると思っています。その意味では日本はまだまだ先進国とはいえません。同様に「競馬先進国」の基準を、重賞レース・ＧⅠレースの質や開放度の問題もさることながら、「いかに競走馬の一生を大事にするか」におきたいと考えたいのですがどうでしょう。

「馬の余生」に関しては競馬関係者、とくに主催者、馬主、生産者の責任は大きいと思います。この問題は、馬に愛情をもっている人たちの熱意が基本ですが、同時に、将来的には競馬収益のコンマ何％かを「馬の余生基金」に当てるなどの仕組みが必要でしょう。そして競馬関係者とファンのコンセンサスが不可欠です。

現在、競馬不況のため馬産地は疲弊しています。そこで、たとえば養老牧場を日高の「沢ごと」に最低一つずつつくれば、養老馬の受け入れ、地域の雇用拡大、ファンサービスの「一石三鳥」がかない、地域活性化に繋がると思うのです。フォスターペアレントの会では、将来「全国引退馬協会」をつくって、「馬の余生活動」を発展させ、また引退馬・養老馬に関する全国ネットワークをつくりたいという夢をもっています。私も応援したいと思います。

第3部
競走馬経営の特徴と経営タイプ

第19話　多額の投資、リスキーな経営（競走馬経営の特質―その一）

競走馬を生産するには、放牧地・草地・馬場等の広大な土地、重装備の施設・機械、繁殖牝馬の購入・導入、種付料など多額の資金がいります。また、競走馬の生産や育成には多くの労働力や雇用を必要とします。そのため、家族経営といえども、企業的な対応と経営センスが要求されるのです。

日高地方の一牧場あたり投資額は、「六～一〇頭階層」という家族専業経営層平均で六八八七万円（ＪＲＡ『軽種馬生産費調査』二〇〇三年実績）、雇用をする経営では億単位、本来の企業経営では一〇億円単位、一〇〇億円単位の投資額が必要です。

競走馬は、他の家畜より受胎率が低く、そのうえ「ガラスの足」をもち事故率は高いので、種付けをしても無事に生産される割合（生産率）は約七〇％です。さらに、生産されても競馬場に馬名登録されるのは約八〇％ですから、種付けして馬名登録されるのは五〇～六〇％なのです（登録であって出走ではありません！　念のため）（巻末図1参照）。当然ながら、産駒は牡牝半々ですが、牝の販売価格は牡の約半分であり、しかも牝馬は売れ残りの可能性が高いのです。さらに産駒が中央競馬に行くか地方競馬に行くかで販売価格はかなり違います。サラブレッド一頭あたりの販売価格平均は約五〇〇～六〇〇万円です。しかし、実際に五〇〇万円の馬というのはあまりいなく、二〇〇万円、三〇〇万円の多くの馬と、何千万、億単位のごくわずかな馬、その平均が五〇〇～六〇〇万円です。近年は不況のため売れ残る馬も多くなっています。売れるか売れないか、いくらで売れるかは人的関係や販売戦略によっても左右され、運・不運がたえず付きまとうのです。

資金の回転も長期になります。競走馬は種付けから販売まで通常二年、競走馬として走るまでに最低三年はかかります。生産者は、種付けしてから二～三年間資金の回収ができないのです。生産者の多くは経営基盤が脆弱であるため、資金繰りは大変です。そのため生産者の多くは、借入金に依存しており負債額が大きくなってしまいます。

第20話　厳しい経営（競走馬経営の特質―その二）

今回は、競走馬経営の実態を、数字を使ってなるべくわかりやすく解説することにします。まず、競走馬経営を全体としてイメージするために、JRA発行『軽種馬生産費調査』の平均値をみましょう（表3-1）。

競走馬経営の平均世帯員は五・四人、家族労働力は二・八人、経営耕地は三一・三ha、繁殖牝馬は九・七頭です。この数値は日高地方における競走馬家族経営の平均より少し大きめの値としてイメージしてもらえばよいでしょう。少し古いデータですが（好況・不況時の流れをみるため）、一九九五～九七年三カ年平均の競走馬経営の販売額（粗収益）をみると約三五〇〇万円、経営費は約二六〇〇万円、所得は約八四〇万円でした。

表３-１　競走馬生産牧場の概要（平均値）

（単位：人、a、頭）

世帯員数（年度初）	5.4
うち家族労働力	2.77
経営耕地計	3131
飼料畑	39
採草地	861
放牧地	979
繁殖雌馬平均飼養頭数	9.73
仔馬生産頭数	6.83
販売頭数（退厩馬）	4.93

注）1995 ～ 97 年平均。

資料）JRA『軽種馬生産に関する調査報告書』（農家経済調査）各年度版。志賀永一氏作成。

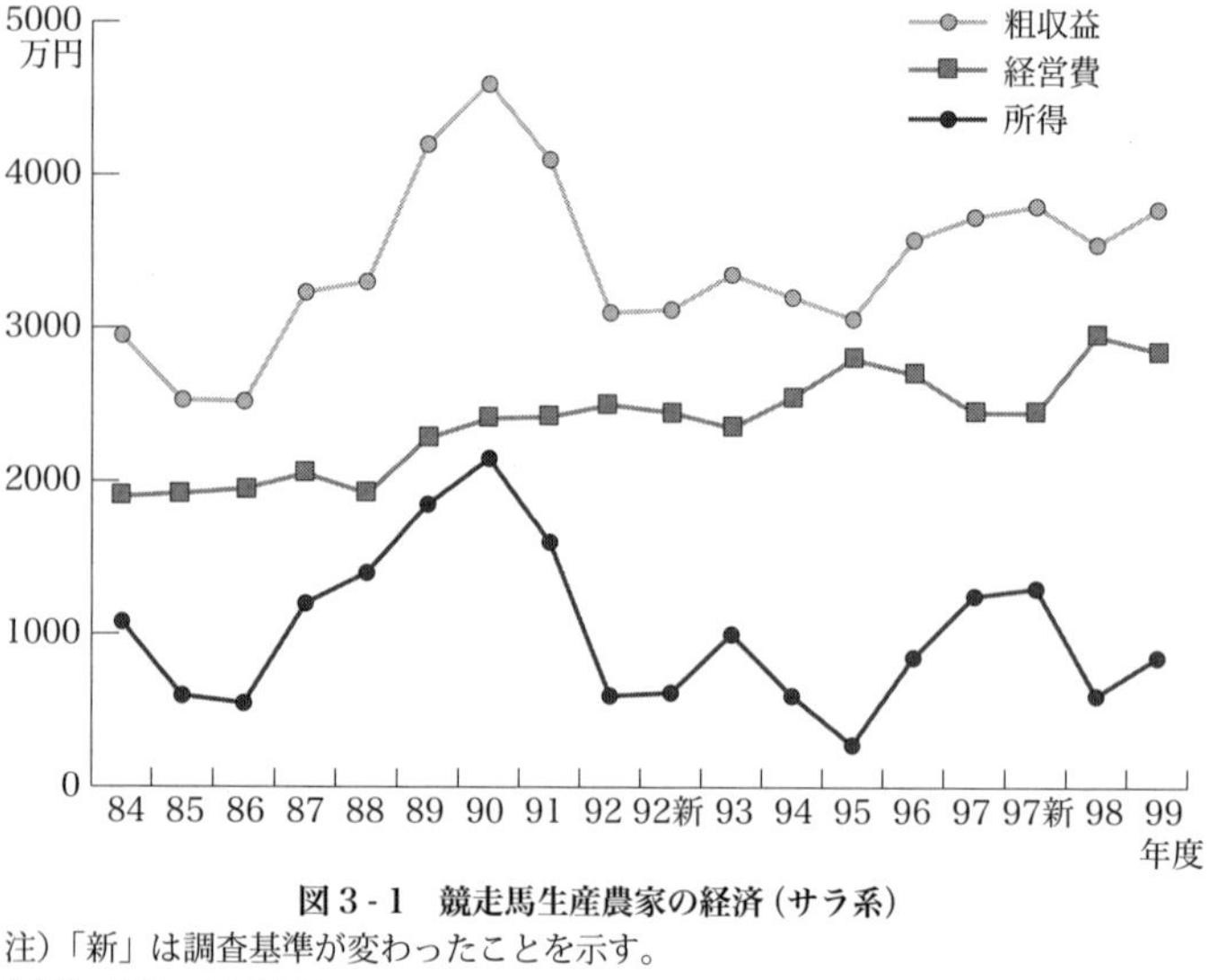

図３-１　競走馬生産農家の経済（サラ系）

注）「新」は調査基準が変わったことを示す。

資料）表３‐１に同じ。

経営費約二六〇〇万円のうち、種付料六五〇万円（経営費の二五％）、繁殖牝馬の償却費二八〇万円（同一一％）であり、これら動物費を合わせると経営費全体の四六％も占めるのです（実際の動物費はもっと大きいと推測されます）。動物費、とりわけ種付け費の割合が大きいのが競走馬経営の最大の特質でしょう。

経営収支は、好調な時期、不調な時期との差が激しいのも特徴です（個別経営の収支も、年ごとの差は激しい）。バブル経済の時期は当然ながら好調でした。

図によると、バブル期・競馬ブーム期の八九、九〇、九一年の三カ年の粗収益（販売額）は四千万円を超え、九〇年には四千五百万円に届いていました。それ以前は八七、八八年がようやく三千万円を超えていた程度でしたから、九〇年前後は以前よりも一千万円以上販売額が増加したのです。そして、九二〜九五年は低迷し、ピークと比較すれば一千万円以上販売額が低下しているのです。その後若干持ち直すものの、粗収益は三千五百万円を上回る水準でした。粗収益から経営費を差し引いた所得は八五、八六両年は六百万円ほどであったのですが、以降急増し八七年には一千万円を大きく上回り、九〇年は二千万円を超えたのです。しかし、この好調さから一転、所得は急減します。九二年以降は九三年が一千万円の所得でしたが、六百万円台の年が多く、九五年は三百万円を割り込んでいたのです。その後、若干持ち直したというものの、九八年は五九九万円、九九年は八九六万円でした。産地の競馬不況は二一世紀になってさらに厳しくなったのですが、『軽種馬農家経済調査』は九九年をもって打ち切られましたので、これらを裏づけるデータはありません。

以上の数値は、生産費調査の対象牧場のものですが（それでも平均より少し良い経営）、これをみても景気動向による経営収支や所得の激しい変化がうかがえます。

第21話　家族労働力と雇用労働力

競走馬を生産・育成する労働力の状況はどうなっているのでしょう。家族経営の仕事にはどのようなものがあり、どのように仕事の分担をしているのでしょうか。また、地域以外・農業外から競走馬産業にかかわるようになった人たちはどのような経路をたどってきたのでしょうか。これから五話にわたって競走馬生産にかかわる労働力のお話をします。

表３-２は、日高の競走馬牧場における家族労働力と雇用労働力の推定総数です。生産牧場一二五〇戸の家族労働力は三四五七人、常雇（季節雇いでなく一年中雇われている人）は三八八九人で、家族労働力より雇用労働力の方が若干多くなっています。これは競走馬生産の企業的性格を示すものであり、他の農業形態にはみられない特徴です。育成牧場一三〇戸の家族労働力は不明ですが、雇用労働力は多く延べ一九二四人、一戸平均一四・八人（季節雇は常雇に換算）と推定され、うち常雇一〇・八人、騎乗者六・九人、外国人二・九人となります。

まず、家族労働力です。かつて私がかかわった調査*では、日高地方における競走馬経営の経営主の年齢構成は、高齢層が経営主であるⅣ階層を除けば、どの階層も四〇～五〇歳代がモード層

（もっとも多い層）です。日高地方の他の農業形態では高齢化が進み、五〇～六〇歳代がモード層ですから競走馬経営は比較的若い層が経営主であるといえます。また、後継者の確保状況をみると、Ⅳ階層を除くと「ある」が「なし」を上回っており、しかも上位層ほど後継者の確保状況は良好です（ⅠⅡ階層では「ある」が五〇％台、「未定」が約三〇％、Ⅲ階層では「ある」が三三％、「未定」が四二％）。競走馬経営は、投資も大きく、リスキーなだけに経営者能力が問われ、ある意味では「魅力的」部門のため比較的後継者も残り、若い労働力が地域以外から参入するという特徴をもっています。とはいえ、零細経営や家族経営では高齢化や後継者不足という日本農業・北海道農業の共通の問題を抱えていることも確かです（ⅠⅡ等の階層については第27話参照）。

表3-2　日高の生産・育成牧場における労働力数

（単位：戸、人）

	合計	法人	家族
生産牧場	1250	395	855
1戸あたり	2.8	3	2.7
常雇	3889	2017	1872
1戸あたり	3.1	5.1	2.2
合計	7347	3203	4143

育成牧場　130戸	1戸平均	総数
労働力	14.8	1924
常雇	10.8	1399
臨時雇	4.3	556
騎乗者（日本人）	6.9	892
騎乗者（外国人）	2.9	377

生産＋育成＝	6.7	9271

資料）JRA・中央畜産会による軽種馬生産経済実態調査の個票より集計（1997年）。

次に雇用労働力です。牧場の仕事は大別すると、生産や厩舎作業にかかわる厩務係と育成・調教にかかわる調教係（乗り役）とに分かれます（その他にも事務・経理や賄いの仕事があります）。育成・調教をする牧場は企業経営や家族大経営なので、雇用が主体になります。厩務係は、中高年・女性が比較的多く、また家族労働力が多くなりますが、調教係は一定の技術・経験が必要になり、若い男子雇用労働力中心になります（近年若い女性の調教係も増えました）。雇用労働力は、農業外・道外からの労働力の流入も多いのですが、牧場に勤め始めのころは厩務係をし、一定の経験を積んで調教係になる場合が一般的のようです。前の表をもう一度見てください。外国人労働力は、育成牧場（部門）で雇用されており、とくに軽種馬育成調教センター（Bloodhorse Training Center＝BTC）が稼動するようになった一九九〇年代後半になって急増しました。外国人労働力の国別では、ニュージーランド、オーストラリア、アイルランド、マレーシア、フィリピン、ブラジルなどです。しばらく前は、高い技術をもちなおかつ日本との賃金格差が大きいので南半球の人が多かったのですが、（日本の不況もあり）西洋系の人は他の国の競馬・競走馬施設に移ってしまい、近年は、アジア系、南アメリカ系の元騎手が多くなったようです。

＊　岩崎徹・小山良太「日高地方における軽種馬経営意向調査――初めての経営類型別分析」札幌大学『経済と経営』三一巻一号、二〇〇〇年。

第22話　家族経営と仕事の分担

家族専業経営における繁殖牝馬の飼養頭数を平均的にみると、八～九頭です。飼養頭数は、労働力の数とその変化、おもに家族労働力のライフサイクルや構成の変化、つまり、経営主の交代、結

図3-2　家族仲よく仕事・家族牧場

婚、子供の継承、親世代のリタイアー、そして家族構成員の事故や病気などによって変化します。家族の仕事の分担と量は、ライフサイクルや繁殖牝馬の飼養頭数によって当然異なってきます。

ここでは家族専業経営を三世代で働く牧場としてお話ししましょう。この場合の労働力は、経営主夫婦＝二名、息子夫婦＝二名で、父母＝二名は高齢のためあくまで補完的労働力とします。

社長（家族経営の牧場でも、よくこう呼びます）夫婦と息子夫婦の四名が通常の労働力となります。社長の父母は体力的に無理はできないので、忙しいときだけ手伝います。父母は、家事や孫の世話、家庭菜園の仕事をするようになります。

家族経営の牧場での仕事の分担は明確に分かれているわけではありません。企業形態ではないので当然のことです。一日、一年の仕事量とてそれぞれの体力と経験に応じて、仕事の割り当てが自然と決まります。

大家畜（競走馬、酪農、肉牛）の牧場の仕事は、大きくは牧草関係の仕事（牧草収穫、牧草地の管理）と厩舎関係の仕事に分けられますが、競走馬の場合は購入牧草も多くなるので、厩舎関係の仕事の比重が圧倒的に多くなります。牧草関係の仕事、トラクターの運転、保守整備は男の仕事です。厩舎関係の仕事は各人の体力に応じて割り振られることになります。やはり主力となるのは男である社長と息子です。体力的にも充実している二名が主戦力となり、朝飼い、馬の手入れ、放牧、馬房の清掃、寝藁上げ、放牧地の清掃、収牧、馬の手入れ、夜飼いなど一連の仕事をします。社長の奥さんはそれをサポートする形となります。息子の奥さんは子供がまだ小さいと、子供を幼稚園や学校に送り出してから仕事を手伝うといったパターンが一般的です。当然、女性は家事も同時にこなさなければならないので、多忙です。お金の管理・記帳は社長の奥さんが担当するところが多いようです。

牧場の仕事で一番忙しいのは、出産、種付けシーズン（二～五月）で、この時期は社長の父母も仕事の手伝いをします。馬をさわる仕事や体力の要る仕事、牧柵の修理等は男手が多くなります。また、農協に出向いて営農担当者との打ち合わせ、商社との商談、営業なども男子の仕事となります。家族経営の牧場は、日常生活と仕事が直接に結びついているので、始業と終業の明確な区分はありません。この点では、生活と仕事が密接に結びついた他の自営業と同じです。家族で生産から出荷までを行う、町工場をイメージするとわかりやすいかもしれません。

第23話　家族経営牧場の一日

家族経営の牧場の一日は、おおむね以下のようになります。これは、初夏シーズン（五月後半～六月初旬）の一日の仕事のモデルです。繁殖シーズンが一段落し、牧草シーズンまでまだ少しあいだのある比較的安定した時期です。朝から時間を追って、標準的な作業と時間をみていきましょう。

○起床　午前四：三〇～四：四五

五月の日高でこの時間は、もう朝日が昇っています。夏シーズン（三：三〇～四：〇〇起床！）と比べると遅いのですが、それでもこの時間に起床します。若社長なら「起きて着替え、歯も磨かずにまずは馬屋へ」です。

なぜ朝が早いのでしょうか？　それは馬の生活サイクルに合わせているからです。馬は早朝から活動を始め、夕方には眠くなる動物です。馬に十分な放牧時間を確保するために、人間は早起きします。

○朝飼い、手入れ　午前五：〇〇～六：〇〇

「飼い付け」とは馬に飼葉（飼料）を与えることです。まず馬屋では各馬房につるされた飼い桶（餌を入れるバケツ）を回収し、昨日の夕飼いを馬がしっかり食べているかどうか確認します。その後、朝飼い（飼葉）を与えます。すべての馬房に順番に朝飼いを与えます。個体ごとの状態によって入れ

る飼料の内容が異なるので、他の家畜のように画一的な飼料を与えるわけではありません。馬は早朝と夕方に食欲の大きな波がくる動物ですので、朝飼いはガツガツ食べます。このときの馬屋は馬が飼葉を食べる独特の咀嚼音が響きます。

朝飼いが一段落すると「手入れ」です。夜の馬屋は基本的に無人ですので、夜中に怪我をしたり、寝違えて脚を痛めたりすることがあります。「手入れ」は馬を磨き、体を清潔に保つのと同時にボディーチェックも兼ねています。

○放牧　午前六：〇〇～六：三〇

馬を放牧(放牧地に馬を放すこと)します。この時期だと放牧地は完全に雪もなく凍結が解けて柔らかくなっているので、放牧した直後からかなりの勢いで走ります。

○馬房清掃、寝藁上げ　午前六：三〇～八：三〇

放牧と前後して、人間の朝食です。その後馬房の清掃を行います。敷き藁は、前日の収牧から今朝の放牧まで馬が入っていたので、当然糞尿で汚れています。ボロ(馬糞)を拾って、周りの汚れた寝藁を取り除きます。それが終わると、寝藁を馬房から出し、屋外の日光が当たる場所で乾燥させます。これは、結構時間がかかります。

○午前八：三〇～正午

この時間帯は、休憩をはさんで飼葉桶を洗ったり、水桶に水を足したりします。馬は飼葉桶や水桶も大きいので、結構時間がかかります。これと並行して干してある寝藁をひっくり返して乾燥を

促したりします。寝藁をひっくり返す作業は一日二〜三回行うのが普通です。

こうしてみると、そんなに忙しくないだろうと思うかもしれませんが、飼付け〜寝藁上げまでの実際の作業には時間がかかります。厩舎は繁殖牝馬、一歳牡馬、一歳牝馬と分かれており、放牧地も別です。繁殖は本場にいて、一歳は二〜三km離れた分場にというパターンもあるのです。
○正午〜午後一：三〇
この時間帯は、人間の昼食、そして昼休みです。昔はこの時間は多くの人が昼寝をしていました。何せ朝五：〇〇前から働いていますから、眠くもなるというものです。しかし、今では昼寝率はそれほど高くありません。
○午後一：三〇〜四：〇〇
午後になると、社長は外に出るケースが多いようです。農協に行ったり、銀行に行ったりと所用を足しに出かけます。そのあいだは残された息子夫婦が、寝藁を馬房に入れ、寝藁が足りなければ補充し、厩舎の清掃をします。このときの清掃は、可能な限り「磨き上げられた綺麗さ」をめざして行われます。建物が古くても、清掃が行き届いている馬屋は、馬にとっても、お客さんにとっても気分がいいはずです。
○午後四：〇〇〜六：〇〇
時期にもよりますが、この時間に牧柵周辺や敷地内の草地刈や放牧地のボロ拾いをします。
四：〇〇ころになり、馬房の寝藁が整うと馬を収牧します。この時間になると放牧地の馬は「早く馬屋に戻りたい」とばかりに、牧柵の出入り口付近に集まり始めます。馬を放牧地から馬房へ戻して収牧は終了です。このころまでには、馬房と馬屋内外の清掃は終わっていなければなりません。牧場によっては収牧後に、飼葉を与えます。

収牧後、今度は一頭ずつ馬を手入れします。ブラシをかけて放牧中に体についた埃や泥、汚れを取り、手入れをします。馬は放牧中に脚をぶつけたり、外傷を負ったりすることもあるので、馬体に異常がないかどうか、収牧時と手入れ時にチェックを行います。朝はなんともなかったのに、収牧時には脚が腫れていることもあります。手入れを終えると馬房へ再び戻します。

○午後六：〇〇～

この時間は人間の夕食です。馬も馬屋に入ったので一息つけます。お酒が好きな社長はこの後、特別な用事がなければ晩酌です。

○午後八：〇〇～九：〇〇

夜飼いを付けます。すなわち夜の飼葉の時間です。企業経営で従業員の多い牧場ならば交代制の当番だったりしますが、家族経営牧場では家族労働ですべて賄います。

社長が農協の会合やお客さんの接待などでこの時間に馬屋を空けるときは若社長夫婦が、若社長が飲みに行ったときは社長がこの仕事をします。たまに両方とも外に出てしまい夜飼いの時間がずれてもご愛嬌。

○作業終了　午後九：〇〇

だいたいの流れを書きましたが、時期によってはこの作業のほかに出産、種付けの仕事や牧草作業が入ります。あくまで時期ごとの作業をほとんど含まない、通年の基本作業と考えてください。けっこう大変でしょう。

第24話　飼葉のはなし

飼葉のはなしです。競走馬のエサ、飼料のことを「飼葉」といいます。

飼葉は採食方法によって大きく分けると、放牧地で自由に採食されるものと、馬屋（厩舎）で人間から与えられるものとに分かれます。また飼葉は、粗飼料（牧草）と濃厚飼料とに分けることができます。

飼葉＝餌は馬の発育にとって、大きなウエイトを占めています。日高で成功したある牧場主は、お金をかける順番をあえてつけるなら「（1）土壌（牧草）、（2）繁殖、（3）配合種牡馬、（4）環境整備の順」だと言っていました。

放牧地で見られる牧草は大別して「イネ科牧草」と「マメ科牧草」に分かれます。「イネ科牧草」にはケンタッキーブルーグラス、オーチャードグラス、チモシー、イタリアンライグラスなどがあります。「マメ科牧草」には赤クローバー、白クローバー、アルファルファ（ルーサン）などがあります。マメ科の牧草はイネ科と比べるとタンパク質やミネラルに富みます。イネ科もマメ科も牧草

表３-３　各種飼料の比較

飼料名	エネルギー量	繊維質量
エンバク	トウモロコシ＞エンバク＞フスマ	フスマ＞エンバク＞トウモロコシ
トウモロコシ		
フスマ		

として収穫し、乾燥させ乾草として使用するのに適したチモシー、イタリアンライグラス、アルファルファと、踏みつけに強く放牧地での栽培に適したケンタッキーブルーグラス、バヒアグラス、白クローバーとに分けられます。

放牧地、採草地ともに野草が増えることは好ましくありません。たんぽぽなどの雑草は嫌われる存在です。近くの牧場が馬の生産を止めると、そこに雑草が繁殖し隣の牧場にまで影響を及ぼすケースもあります。

濃厚飼料とは、おもに繊維質を主体としない穀類や油粕などの総称です。代表的なものは、燕麦（エンバク）、トウモロコシ、大麦等のフスマ、油粕（大豆粕など）です。その他に、塩分や各種の微量要素を摂取するための馬用のサプリメントもあります。

エンバクは他の穀類と比較して、繊維質を多く含み、栄養価が高いのが特徴です。馬にとっては繊維質を多く含んでいることは重要で、繊維質の少ない飼料を多量に与えることは消化吸収を悪くするので危険です。エンバクにも国内産、アメリカ産、カナダ産、オーストラリア産などで栄養価が異なりますが、国内産よりも外国産は栄養価が高いようです。エンバクにも殻のあるものと、殻のないもの（裸エンバク）があり、より栄養を吸収し食べやすくするために粒をつぶして加工をしたもの（圧ぺんエンバク）もあります。トウモロコシはとても栄養価が高く、エンバクの倍近いエネルギーを得ることができます。しかし、繊維質が少なく（エンバクと比較して五分の一〜六分の一）多量に与えるのは危険です。フスマは穀類の外皮のことで、得られるエネルギーは穀物に及びませんが、繊維質が多く、多量に与えても安心な飼料です。

実際に飼葉を与えるときは、濃厚飼料をいくつか混ぜ合わせて与えることになりますが、各種の飼料を混ぜ、糖蜜などでコーティングした馬専用の配合飼料もあります。さまざまな商品名で売られていますが、これらを使った場合は栄養素の重複などにより過剰なエネルギーや栄養素をとりすぎないように調整されます。その他の微量な餌として、各種オイルやビタミン、ミネラルをカバーする添加物を使う場合があります。

図 3-3　仕上がった牧草ロール。これが馬の主食

表 3-4　セリ前の飼料の量

品　目	目安量	
粗飼料	切り乾草	1.5 kg
	乾草	2.0 kg
	ヘイキューブ	0.5 kg
濃厚飼料	エンバク（圧ぺん）	2.5 kg
配合飼料	A 社製品	2.0 kg
	B 社製品	1.0 kg

飼葉はどのくらいの量を与えるのでしょうか？　飼葉の量は個体と時期によってかなり異なります。受胎している繁殖でも妊娠前期と後期によってちがいますし、仔馬は成長過程によって異なります。体重三五〇 kg 前後の一歳馬ならば、体重の一〜一・五％の粗飼料と一・五％前後の濃厚飼料を一日三回ほどに分けて与えるのが普通です。一歳の夏のセリに出す馬などは、通常

の飼養管理とは異なりセリ用に体をつくる必要があるので、飼葉の量を増やし、濃厚飼料、配合飼料の量を変えます。仮にセリの六〇日ほど前から飼葉の質と量を変えたとして、表３-４のような量になるでしょうか。

これらを一日三回に分けて（朝・夕・夜）与えることになります。飼葉は馬のコンディションを左右する決め手になります。家族経営では、粗飼料は採草地での自賄いで採草しますが、大きな牧場だと飼料業者から輸入牧草を購入します。牧草作業は多くの労働力を要するので、繫養頭数の多い企業経営的な牧場では購入したほうがいいのでしょう。購入する牧草は国内産、アメリカ産等産地別に一番牧草、二番牧草（その年に採草した最初の牧草を一番、二番目に採草したものを二番と呼びます）があるので、用途にあったものを指定して買い求めます。各牧場では必ずしもこれらを量って与えているわけではありません。家族経営の生産牧場ではそれぞれの方法で、経験則から量を割り出して飼葉を与えているのです。

第25話　調教係の労働力

調教係（乗り役）は、育成牧場（育成部門）で競走馬の育成・調教を担当します。育成牧場の多くは雇用に頼っています。調教係は、一定の技術・経験が必要になり、若い労働力中心になります。農業外・道外からの労働力の流入も多く、研修機関の修了者以外は、初めは厩務係として働き一定の経験を積んでから調教係になることは第21話でみました。

表3-5は、日本軽種馬協会（ＪＢＢＡ）が運営する「育成技術者研修」修了者名簿を集計したものです。もちろん、牧場で働く者すべてがＪＢＢＡの研修生のような研修機関修了者ではありませんが、この表は地域以外からくる調教係の人たちの属性をみる参考になると思われます。

ＪＢＢＡでは、一九九〇年から静内種馬所において研修生を募集し、春・秋の二コース（六カ月）に分けて競走馬生産・育成の即戦力としての知識・技術・愛馬精神などを教育しています（二〇〇二年より約七カ月の研修期間、年一回の募集）。募集範囲は全国であり、選考地が北海道、東京、関西、九州地方、応募資格は中卒以上二八歳未満でした（近年は二五歳以下。それに身長おおむね一七〇cm以下、体重六〇kg以下という条件が加わりました）。近年の研修生試験

表3-5 「育成技術研修」修了者の属性（単位：人）

		男子	女子	合計
年　齢	16～19歳	105	36	141
	20～24	79	40	119
	25～	17	3	20
学　歴	中学卒	3	1	4
	高校卒	142	56	198
	専門学校卒	17	8	25
	大学卒	38	14	52
	大学院卒	1	0	1
出身地	北海道	46	13	59
	東北	19	3	22
	関東	32	9	41
	東京	19	9	28
	東海・北陸	15	13	28
	近畿	32	17	49
	中国	10	2	12
	四国	4	1	5
	九州・沖縄	24	11	35
	韓国	0	1	1
計		201	79	280

注）1. 高校、専門学校、大学は中退を含む。
　2. 関東は東京を除く。
　3. 1990～2001年は春と秋の2コース（6カ月）、2002年より年1回（約7カ月）。
資料）「日本軽種馬協会・育成技術研修修了者名簿」1990～2004年より作成。

の倍率はかなり高くなっているようです。二〇〇四年までの修了生は二八〇名ですが、このうち男子が二〇一名（七二％）、女子が七九名（二八％）です。学歴は高卒が多いのですが、大学・大学院卒も一九％を占めます。出身地は北海道が比較的多いものの、全国にまたがっています。

つぎに、競走馬牧場の労働条件をみます。労働条件は牧場ごとにかなりのバラツキがあります。牧場は、企業とはいっても家族経営の延長で多くは零細企業ですし、近年の不況もあって労働条件は厳しいものがあるようです。まず、給料ですが、トータル平均で一五～二五万円、三〇歳でも額面二〇万円には届かないのが一般的のようです。ただし、牧場の雇用は住宅（寮）つき、食事つきの場合も多く、農村地帯の雇用として一概に低いとはいえないと思われます。労働時間は一日一〇時間以上になります。休日は週一回程度ですが、牧場や季節によってまちまちのようです。また、保険は労災保険にはほとんどが入っており、健康保険、雇用保険、厚生年金も加入している牧場が増えましたが、未加入の牧場もまだあるようです。

第26話　北海道外からの就業

近年、農業以外、北海道以外から日高に来て、競走馬・牧場関係の仕事に就く人が増えてきました。牧場の仕事につく農外者・道外者の経路は多様ですが、整理するとつぎのようになるでしょう。

（1）「公的」・私的な研修機関（前話で紹介したＪＢＢＡや民間の育成者研修機関）で一定期間研修し、修

図3-4　育成・調教中の乗り役

了後職安を通し牧場に紹介されるケース。研修所で騎乗技術を修得している場合は、すぐに調教係として雇われます（厩務係との兼務もあります）。

（2）牧場のアルバイト（旅行で立ち寄る、「ふるさと案内所」での紹介など）を経験してから、牧場に勤めるケース。

（3）牧場関係者などの人づてを頼って馬産地にくるケース。

（4）競馬マスコミ、求人情報、職安を通して馬産地にくるケース。

（2）～（4）の場合、初めは厩務係として働き、一定の経験を積んでから調教係になることは前話でみました。騎乗訓練に入る時期は牧場によって異なります。

（5）競馬場・育成施設・牧場で働いた経験のある人が、他の牧場に転職するケース。

（6）牧場の後継者と結婚し、花嫁・花婿になるケース。花嫁の事例としては、農協・町で実施した花嫁対策・後継者対策で結ばれたケースが何件かあるようです。また、小動物の専門学校の卒業生が馬にあこがれ、牧場に勤めて結婚したケース。大学在学中にファームステイで牧場を訪れ馬に興味をもち、たびたび北海道を訪れて結婚したケース。とにかく馬が好きで、引退馬を見学しに馬産地を訪れて花嫁になったケース。

花婿の具体例としては、牧場厩務員として従事していて、花婿として新たな牧場に入籍したケース。サラリーマンだった人が、妻の実家にお婿さんとして入る場合もあります。

巻末表３に、北海道外からの就業例を調査したものの一覧を載せました。この表には、牧場だけでなく競走馬団体に就職した例も載せてあります。いろいろなケースがありますね。この事例でも出身地は、全国にまたがっています。牧場にきた経路は、学卒後直接産地にきた場合と、学卒後途中経由して（競走馬関係の仕事、別の仕事、関連各種学校）産地にきた場合とは半々です。対象者の今後のことでは、表出していませんが、「ＪＲＡの厩務員になりたい」「他の牧場に移りたい」という転職希望者もいるようです。それから、「今の給料には不満あるが、仕事や生活環境には満足」しているのがほぼ共通した特徴のようです。やはり、仕事が好き、馬が好きでないと続けられない仕事なのでしょう。

第27話　競走馬経営のいろいろなタイプ

競走馬経営にはいろいろなタイプがあります。経営タイプの分け方も、経営の性格、生産・育成・種牡馬管理等経営内容、資本の性格等に分けられます。このうち、経営の基本的性格（雇用の有無、経営規模でタイプをみる）では、大きくは企業的経営と農民的経営とに分かれます。競走馬経営の圧倒的多数は、今日においても家族的な農民経営です。企業経営は、農民的経営が企業的経営に発展した場合もあるし、企業として出発した場合もあります。

巻末表4は、私と小山良太氏が、日高支庁のアンケートを基に競走馬経営のタイプを類型化し作成したものです。類型化の基準は、雇用労働力の有無、雇用労働力の量を柱にして、さらに経営形態、繁殖牝馬飼養頭数、育成馬頭数、世帯主年齢等によって判断しました。

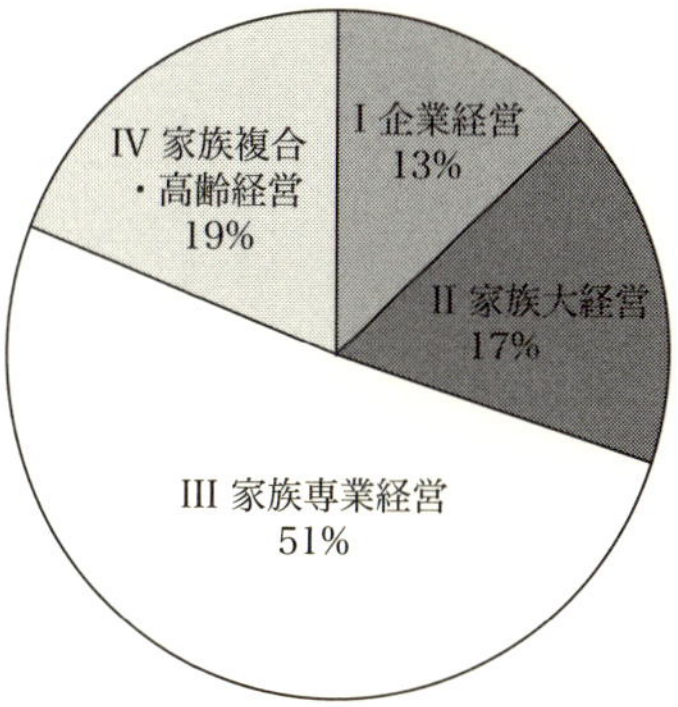

図3-5　競走馬経営のタイプ

I階層は企業経営であり、全体の一三%を占めています。この層は比較的古くからの伝統的な牧場が多く、オーナーブリーダー（自分が馬主となって、走らせる生産者）とマーケットブリーダー（販売目的の生産者）とに分けられます。農民的経営から転化した経営はマーケットブリーダーが多く、今日では育成牧場やスタリオンを経営し、そのなかには関連産業や観光、クラブ法人を経営しているものもあります。企業として出発した経営は道外資本がほとんどであり、また、オーナーブリーダーが多くなっています。生産馬提供型のクラブ法人は、マーケットブリーダーとして位置づけられます。経営規模は、繁殖牝馬頭数一六頭以上を飼養し、労働力は雇用が主であり家族労働力は管理者として位置づけられます。この層のトップグループは、仔分け、育成、種牡馬を通じて中小牧場に対して支配する傾向にあります。

Ⅱ階層は家族大経営であり、一七％を占めます。この層は家族労働力が中心ですが、雇用労働力なしには成り立たない経営です。雇用なしには成立し得ない経営なので企業的性格をもちつつ、家族経営の延長という意味で家族大経営としました。繁殖牝馬頭数一一～一五頭層が中核をなし、家族経営から出発し規模を拡大してきた牧場が多くなっています。経営内容は、生産、販売が基本とはいえ、近年は育成(部門、分場)に重心を代えつつあり(その場合、繁殖は減ります)、さらに育成専門の牧場も増えてきました。

Ⅲ階層は家族専業経営であり、日高管内の約半分を占めています。この層は家族労働力主体の競走馬専業経営で、雇用はなく、あっても季節雇かパートです。繁殖牝馬頭数六～一〇頭層が中心層です。経営内容は生産・販売が主ですが、近年は育成部門を若干取り入れた経営も存在します。

Ⅳ階層は家族複合経営・高齢農家経営であり、一九％を占めます。この階層は、家族労働力一～三人の水田などとの複合経営、または高齢農家経営です。繁殖牝馬頭数一～五頭層が中心です。所有形態別では仔分け・預託(後述)の比率がもっとも高くなっています。かつてはアラ系経営が多かったのですが、近年は激減しています。

第28話　社台ファームグループ——日本最大の牧場

皆さんは、社台ファームグループ（社台ファーム、ノーザンファーム、追分ファームなどの総称、以下社台グループ）をご存知ですよね。いまや競馬を知らない人でも、社台グループを知っている人は多いと思います。社台グループは、日本最大の牧場であり、北海道胆振地方を拠点に日高、千葉、宮城に分場、東京・大阪にも事業所を配置し全国的に展開している企業経営グループです。中央競馬の生産牧場成績では三〇年以上にわたりトップ、また、馬主成績、種牡馬成績もほぼ二〇年にわたりトップの座を続けています。ワールド・ブリーダー・ランキング（獲得賞金ベース）でも上位に入り、「世界の社台ファーム」になりました。二〇〇四年度の長者番付でも、社台ファームの吉田照哉社長は全国で九番目に入りました。

社台牧場の先々代・善助氏は、戦前から酪農を営んでおり、北海道、千葉に牧場をもっていました。先代・善哉氏が一九五三年に千葉の牧場を継承し、五五年に社台ファームと改名し本格的な競走馬牧場を建設しました。五八年に北海道胆振の白老町に分場を開設、六二年に種牡馬事業を開始、六七年に胆振の早来町に、七一年に千歳に牧場を開設し、以後ここを本場としています。七三年には、競走馬商社とスタリオン機能を併せもつ社台スタリオンステーションを早来町に開設、七五年に種牡馬ノーザンテーストを輸入し、以後十数年にわたりリーディングサイアーを獲得し、グループ拡大の基礎としました。八二年に直線一五〇〇m走路をもつ本格的な育成牧場を千歳に開設、以

図３-６　2005年のダービー馬・ディープインパクト。父サンデーサイレンス、ノーザンファーム生産

後、競走馬商社、種牡馬、生産、育成、馬主部門のすべてを併せもつ企業グループとして発展しています（巻末表5）。

社台グループは、先代・吉田善哉氏の死後、三子に相続され、現在は三つの小グループにより構成されています。社台ファームは、長男の照哉氏が継承し、種牡馬事業を中心に繁殖生産・育成を行っています。ノーザンファームは、次男の勝巳氏が継承し、育成事業の中核を担い、繁殖生産、乗馬観光も行っています。社台レースホースは、三男の晴哉氏が継承し、グループ全体の事務管理と競走馬商社機能を果たし、また馬主部門・クラブ法人の管理もここで行っています。グループ全体で、経営面積八八〇ha、種牡馬三二頭、繁殖牝馬五二〇頭、育成馬一〇一〇頭を飼養し、従業員は専属スタッフ九八名、騎乗者一七四名（うち外国人一七名）、合わせて三七九名を雇用しています。

グループ全体の総売上等を示すことは難しいのです

が（資料をなるべく統一するために少し古いデータを使います）、二〇〇一年セレクトセールで社台グループの上場馬は、当歳一二三頭が売却され、三九・九億円の売上でした。育成馬預託料収入はグループ全体で二五・三億円となっています。競走馬馬主収入は、二〇〇〇年実績で、社台レースホースが一七・六億円、社台レーシングが九・六億円、個人名義で一四・五億円、合わせて四一・七億円の賞金を稼いでいます。種牡馬に関しては、今は亡きサンデーサイレンスを筆頭に高額種牡馬を多数所有しており、種付料収入は、提携スタリオンも含めると六三億円となります。これに、庭先販売分や関連事業収入が加算されます。

社台グループは、自社スタリオンのほかに二社の競走馬商社（レックス、ブリーダーズSS）と出資・提携の関係にあり、種牡馬はほぼすべてここから調達しています。また、種牡馬の導入や種付権利の販売に関しても、この競走馬商社部門を通して行っています。生産資材の調達や飼養管理サービスに関しても、競走馬商社との連携と自己経営内で保有する診療業務により、自己完結的に行っています。販売に関しても、共有馬主、共同馬主、市場販売、庭先販売、自己使用競走馬というように複数の販路をもつことで、経営の安定性を確保しているのです。

［参考文献］吉川良『血と知と地――馬・吉田善哉・社台』ミデアム出版、一九九九年。

第29話　ビッグレッドファームとラフィアン

「マイネル・コスモ軍団」といえば、近年競馬マスコミによく登場する表現であり、競馬ファンにはおなじみの岡田繁幸氏率いる経営体です。三億二千万円でサンデーサイレンスの当歳馬を落札したり、コスモバルク号が活躍したりで、競馬界・生産界における岡田氏に関する話題はつきることがありません。

社台グループは日本一の生産者兼馬主ですが（社台グループの本拠地は北海道・胆振地方）、日高一の生産者兼馬主はここで紹介するビッグレッドファーム・ラフィアンです。社台グループもビッグレッドファーム・ラフィアンも共に、生産、育成、種牡馬、クラブ法人といった競走馬ビジネスのすべてを統合した経営体であり、この両雄以外には、今のところこのような経営体はありません。

ビッグレッドファームの発展を簡単にみると以下のようになります。

岡田繁幸氏が静内町浦和に牧場を開業したのは一九七四年です。岡田家は映画『北の零年』（原作・池澤夏樹著『静かな大地』朝日新聞社）で有名になった淡路衆の名門一族ですが、繁幸氏は父の牧場を継がないで独立して牧場を開きました。まさに「裸一貫」からの出発で、土地は借地、繁殖牝馬も少なく、育成馬を預かって資金を蓄積したといいます。人一倍の努力・才覚と「日本一」といわれる相馬眼でみるみるうちに頭角をあらわし、八六年一二月にクラブ法人組織を設立、九一年には真歌トレーニングパーク、九六年にはコスモビューファーム、九八年にはビッグレッドファーム明

図3-7　ビッグレッドファーム明和（新冠町）の屋根つき坂路

和をそれぞれ開場しました。

ビッグレッドファームグループは、生産・育成を行う有限会社ビッグレッドファームと有限会社コスモビューファーム、愛馬会法人である有限会社ラフィアン・ターフマンクラブ（代表は繁幸氏の妻である美佐子氏）とクラブ法人である株式会社サラブレッドクラブ・ラフィアン、さらに商社機能を担当する有限会社コスモス（代表は長男紘和氏）から成り立っており、従業員総数は七〇人弱となっています。

クラブ法人組織は一九八〇年に発足した社台ダイナースサラブレッドクラブが設立のヒントになったようです。岡田氏はかつて札幌大学の講演（二〇〇三年七月）の際、「自分はお世辞を言って客集めをするのは苦手なので、客を自分でつくろうと思った」と語っていました。

ただし、社台系のクラブ法人組織が自己生産馬の販売を主たる目的としているのに対して、ラフィアンの場合は自己生産馬の比率は低く、募集馬八五頭前後のうち自己生産馬は二五～三〇頭程度のようです。ビッグレッドファームが繋養する繁殖牝馬は約七〇頭ですから毎年四五～五〇頭程度が生産されるのですが、そのすべてがラフィアンの募集馬になるわけではなく、自己生産馬のうち自信のある馬二五～三〇頭だけが募集馬に組み込まれ、その他は岡田美佐子氏が個人馬主として競馬に使うか、もしくは無償で譲渡してしまいます。

ビッグレッドファームの場合、クラブ法人組織は生産馬の販売機構という位置づけではなく、むしろ、クラブ法人組織への馬供給組織としてビッグレッドファームが位置づけられているようです。クラブ法人組織としてのラフィアンの成功は、育成技術と岡田繁幸氏の相馬眼に裏づけられています。昼夜放牧を早くからとりいれ、さらに坂路調教施設を設置し、徹底的な育成調教が行われています。

岡田氏は、近年、種牡馬事業にも積極的に手を出していますが、必ずしも種牡馬事業を経営の核に育てようという意識ではなく、サラブレッド生産の配合とコストダウンを意図したもののようです。とはいえ、明和のスタリオンには、マイネルラブ、アグネスデジタル、ステイゴールドなどの人気種牡馬が繋養されています。

［参考文献］『マイネル軍団の謎』流星社、二〇〇一年。

第30話　ＢＴＣを利用した育成大経営――日進牧場

浦河町西幌別にある日進牧場は、もともとは競走馬生産中心の牧場でしたが、ＢＴＣの開設を契機に育成預託中心の経営に転換した牧場です。

本家筋にあたるシンザンで有名な谷川牧場のルーツは福井県で、戦前から競走馬生産を営む名門牧場です。日進牧場が創業したのは一九六二年、今の社長・利昭氏のお父さん、利男氏の時代であり、利昭氏が経営を引き継いだのは八一年です。日進牧場は、ホクトボーイ（天皇賞・秋）、ミホシンザン（皐月賞、菊花賞、天皇賞・春）、マサラッキ（高松宮記念）など数々の名馬を生産し、またタップダンスシティ（ジャパンカップ）、メイショウドトウ（宝塚記念）の育成を手がけた牧場としても知られています。

ＢＴＣ開設（一九九三年開設、九四年稼動）前は一三頭の繁殖と育成五〜六頭という経営でしたが、徐々に育成預託を増やし、現在の経営は繁殖牝馬一四頭（仔分馬主としてプラス五頭）、中期育成二六頭（うち自己馬一四頭）、後期育成五〇〜六〇頭、休養馬約一〇頭であり、育成にシフトした牧場経営をするようになりました。ＢＴＣ開設前は、雇用は二〜三名の家族大経営でしたが、今では家族労働力のほかに二〇名の常雇を使用した企業経営になりました。

社長の利昭氏は経営全般を指揮し、長男の彰久氏が専務で現場の監督をしています。総務・経理担当として大阪でサラリーマンをしていた男性が一名働いています。現場の雇用は二〇名、パート五名（うち一名はフルタイム）。部門ごとの内訳は、生産部門は二名とフルタイムパート一名の計三名、中期育成部門は四名、後期育成部門は一四名（パート四名）となっています。労働力の調達先は、①

図３-８　日進牧場トレーニング場と調教スタッフ

ＢＴＣ・日本軽種馬協会の育成技術者研修事業の卒業生、②ほかの育成牧場からの受け入れ、③外国人元騎乗者、となっています。被雇用者は二十代前半が多く、三十代は三名であり、ほとんどが北海道外からの就業です。女性は一名、外国人はニュージーランド人一名です。外国人は、以前は四～五名雇っていましたが、日本人のレベルが上がったので少なくなったようです。

日進牧場の経営内容は、①育成預託、②ピンフッカー（転売業者）、③自己馬の販売、④競走馬（馬主）収入と多角的です。

このうち最大の収益部門は育成預託であり、総収入の約六割となっています。現在の育成馬房は七カ所六八馬房で、そのうちＢＴＣに隣接した「共同育成場」（周辺の育成牧場が共同で管理）に二〇馬房あります。ＢＴＣを利用した始めのころは、自分の牧場から輸送して利用する日帰り利用とＢ

TC内の馬房を利用した滞在型の併用でしたが、一九九七年に「共同育成場」ができてからは、ここを拠点に徒歩でBTCを利用するスタイルになりました。*育成預託料は安定的な収入であり、経営全体の安定化に大きく寄与しています。一頭あたりの預託料は、中期育成一五万円、後期育成三〇万円、休養馬一八万円となっています。

ピンフッカー部門としては、ひだか東トレーニングセールが開設（一九九七年）されてから始めました。一歳馬を他牧場から庭先で仕入れ、二歳トレーニングセールで販売する仕事です。日進牧場では毎年三頭ほど手がけていますが、ハイリスクなので今の頭数を増やす予定はないようです（ピンフッカーについては第59話参照）。

競馬不況で、どこの牧場も自己馬の販売は苦境に立たされています。日進牧場では、今後繁殖頭数は一〇頭くらいに減らしたいとの意向をもっています。馬主としては現在四～五頭ですが、完全に一頭馬主は二頭ほどで、牧場所有を含めた共同馬主、クラブ法人への提供がそれぞれ一～二頭ずつおります。馬主収入は、収入のなかで一番波が大きいのですが、これからは生産販売が期待できないのでもっと増やしたいとの意欲をもっています。

社長の利昭氏は、現在ひだか東農協の副組合長、イーストスタッド（日高東地区の共同管理スタリオン）の代表取締役として、地域リーダーとしても活躍しています。

利昭さんの考えは、競馬不況で生産頭数が減り、販売価格が低迷するなかで、零細な家族経営が生産・販売・育成を全部行う「自己完結的生産」の時代は終わり、地域全体で競走馬生産、預託、育成、販売を含めた分業化・協業化を行い、離農牧場の農地、施設、労働力を使用し、他の農業部門を含めた地域システムを構築することにあります。そういった考えを、地域リーダーとして、そして自分の牧場経営のなかに生かす実践を行っているのです。

すでに、二〇〇三年にひだか東農協が主体となって「グリーン・サポート事業」を立ち上げ、競走馬経営の複合化（肉牛、グリーンアスパラ）や経営転換（イチゴ、花き）を推し進めてきました。さらに〇五年より「優駿サポート事業」として、馬主・共有馬主の開拓とその受託、繁殖牝馬の導入や共有化を含めた、日高東地区全域のシステム化を図ることを目ざしています。利昭さんは、ひだか東農協の副組合長として、先頭になってこれらの事業を立案し、実践してきました。

日進牧場は、自分の経営内でも生産のシステム化を推進してきました。中期育成牧場モデル事業の適用です。中期育成とは、当歳の離乳（一〇月）～一歳一〇月までの育成を、昼夜放牧を中心に基礎体力の強化と本格的な育成・調教の準備に力を入れる仕事です。中期育成モデル事業は、日本軽種馬協会が実施している事業で、協業経営による育成牧場への転換を図ろうとするものです。日進牧場では、二〇〇〇年九月に近隣の二戸の離農競走馬生産農家を吸収する形で、中期育成牧場部門を新設したのです。離農跡地一〇haを借地にし、離農農家の労働力をそのまま中期育成部門に雇用しています。この二戸の農家は、若干負債があり個別経営のままでは存続が危ぶまれていました。そこで、農協と日進牧場が協議のうえ、日本軽種馬協会の中期育成モデル事業を利用し、二戸の農家を経営ごと共同化させようと試みたのです。日進牧場の中期育成牧場は、この事業のモデルケースとして適用されています。

＊ 日進牧場のＢＴＣ利用方法については、インターネット「日進牧場」(原恵作氏執筆)を参考にした。

第31話 家族専業経営から家族大経営へ——高村牧場

家族専業経営は、当然ですが、基本的には家族労働力だけの経営です(臨時雇やパートはいても)。これが家族労働力だけでなく、恒常的に人を雇う(常雇)ようになると、経営に質的な違いが出てきます。とくに、雇用労賃の支払いが生じること(これは経費からすると大きい)、仕事の内容に分業体制がしかれ雇用労働力の管理が必要となり、全体的に経営規模が大きくなることでしょう。したがって、常雇を雇う経営を家族専業経営と区別して家族大経営と呼びます。家族専業の多くは繁殖生産だけですが、家族大経営になると経営規模が大きくなるだけでなく、育成部門や馬主経済という要素を取り入れるようになります。競走馬経営は家族的、農業的でありながら企業的性格をもつと述べてきましたが、家族大経営になると企業的性格がぐんと強くなります。

ここでは、インターグシケン(菊花賞)、スターマン(京都新聞杯、神戸新聞杯)の生産牧場としても有名な、様似町の高村牧場を紹介しましょう。高村牧場は、家族複合経営から家族専業経営へ、そして家族大経営への展開を遂げ、現在は①繁殖生産、②育成馬預託、③競走馬馬主の三つの経営部門を柱に、ユニークな経営を行っています。

高村牧場はもともとは酪農経営の牧場であり、一九七〇年にサラの繁殖牝馬一頭を仔分けで導入したのが競走馬生産の始まりです。現在の経営主の伸一氏が牧場で働くようになったのは一九七〇年、先代から牧場を継承したのは八一年のことでした。当時は繁殖牝馬サラ五頭（うち自己馬一頭）という小規模な牧場でした。

一九七〇年代より酪農部門を縮小し始め、伸一氏が経営継承をしたころには、ほぼ競走馬専業牧場となりました（家族複合経営から家族専業経営への転換）。

一九七五年に生まれた当歳に、後の菊花賞馬になるインターグシケンがいました。名馬誕生を契機に繁殖頭数は十数頭規模にまで拡大し、現在はサラ一二頭、うち自己馬七頭、仔分け・預託馬五頭となっています。しかし、高村牧場では、これからは繁殖牝馬の頭数は増やさずに、育成馬を増やすことで安定した預託料収入を得ることを戦略としています。

育成を始めたのは一九九一年であり、当初は生産馬を購入してもらった馬主からの預託が主でした。三～四頭の育成預託から始まり、最大で一〇頭、現在は六頭規模の育成を行っています。今はトレーニングセール用に一歳馬を購入し、育成を施して販売するピンフッカーや、セリ馴致を業務とするコンサイナーの仕事も手がけています。一九九三年に二〇ｍ×三〇ｍの屋内運動場を建設し、雨天、冬季間の育成を可能にしました。九五年にはロンギ場、九七年にはウォーキングマシーンを導入しています。騎乗者は高村夫妻が二人とも騎乗調教をしています。

人を雇うようになったのは一九九八年からで、現在は常雇の乗り役二名（二十代男子）と飼養管理部門のパート二名を雇用しています。ですから、家族大経営への転換は九八年からとなります。

図3-9　高村牧場の皆さん。中央は伸一さん、右端洋子さん

経営主の伸一氏は専門農協や総合農協の理事を歴任しました。妻の洋子さんも、牧場で働くほかに様似町の町議としても活躍しています。

放牧地・採草地に関しては、一九九一年に採草地一ha、九七年に放牧地四haを借地の形で拡大し、経営面積は採草地一〇ha、放牧地二二・五haとなりました。

馬主の資格（中央・地方とも）は、一九八〇年代初めに取得し、自己生産馬を数頭使用していました。本格的に使用し始めたのは、九〇年代に入ってからです。バブル崩壊以降、馬価格は急落したので、自己生産馬かつ自己育成馬を売却するよりも自分で走らせたほうがよいと判断したときは、自分が馬主になって競走賞金獲得を目指したのです。

高村牧場の経営の特徴は、生産、育成、馬主の「多角経営」にあるといってよいでしょう。リスクを最小限に抑え、経営を持続するための安定化方策を経営戦略の中心にすえています。家族経営のマーケットブリーダーは、不安定な産駒収入にのみ依存することから収入の変動が大きく、営農計画を立てることは難しくなっています。さらに加えて、家族経営層が単独で膨大な投資を行うことは、不安定な経営構造を生み出しかねないのです。そこで、高村牧場では、近隣の二戸の牧場と共同で繁殖牝馬の共同所有会社「ホースマネジメント」を立ち上げ、繁殖牝馬導入のリスクを分散させることを始めています。

高村牧場は、様似町という距離的にも条件の不利な場所で、小さな牧場から始め、それゆえ、さまざまな試みを経営に取り入れ、激動する競走馬生産に対応してきたのです。

第4部
繁殖牝馬と種牡馬

第32話　繁殖牝馬（肌馬）の所有形態

これから、生産牧場においてもっとも基礎的な繁殖牝馬（現地の人は「肌馬《はだうま》」ともいう）と出産の話を六話にわたってしてしましょう。

雇用に頼らない家族専業経営の場合、平均八〜九頭の繁殖牝馬がいますが、そのすべてが自分所有の馬というわけではありません。繁殖牝馬の所有形態は、大別して（1）自己馬、（2）仔分け馬、（3）預託馬、の三つに分けられます。

（1）自己馬

文字通り、自己所有・自己管理の馬です。自分の馬ですから、その成果もリスクも自分で背負うという点では競走馬経営の典型といえます。自己馬で生まれた産駒は、庭先や市場で第三者に販売する場合、自分の名義で競走馬として使う（オーナーブリーディング）場合、繁殖牝馬にする場合とがあります。

（2）仔分け馬

仔分けとは、繁殖牝馬を所有する馬主が種付け料を支払い、生産者は土地と労働力、生産資材・管理費の一切を支出し生産する形態のことです。生まれた産駒は、文字通り「仔を分ける」のであり、最初の仔は馬主、次の仔は生産者に、というように生産物自体を分けるというのが語源です。しかし、今日では、産駒の評価額を一定の割合（定率ないし定額）で分け合う制度となっています（図

4-1）。定率は馬主・生産者の折半が多いのですが、血統のよい馬だと馬主対生産者の取り分が六対四という場合もあります。定額の場合、たとえば牡なら三〇〇万円、牝なら二〇〇万円を生産者が取得するというように牡牝を区別している場合があります。また、不受胎のとき、生産者への補償のある場合も、わずかですがあります。

家族経営が競走馬生産を始めるときには、この形態から始めることが多かったし、販売戦術や人脈をもたない小生産者に適合的であり、経営のリスク分散のねらいがあります。しかし、仔分け契約は口頭契約が多く、産駒の評価、分収率、支払、引き取り等をめぐってトラブルが多いという問題があります。

- 仔分け契約
  - 利分け型
    - 定額
    - 分収率
      - 定率
      - 変化
  - 混合型
  - 仔分け型

図4-1　仔分け契約の分類

出典）前掲『軽種馬取引の法律問題』61頁。

（3）預託馬

繁殖牝馬を通常、月決めで一定の預託料で預かる形態で、種付料も馬主の負担となります。生まれた産駒も預かる場合は、仔馬の分も「離乳後」、「一歳になってから」別に受け取る場合が多いのですが、親仔込みという例もあります。仔分けと違って契約内容でそれほどトラブルを起こすことなく、安定収入があり、不受胎のときも繁殖牝馬の預託料収入があるので生産者には好まれました。欧米にも、この種の飼養形態は多く、関係機関も推奨したので一九八〇年代より急速に広がったのですが、不況とともに馬主が敬遠するようになり、現在は減少しています。

第33話　繁殖牝馬所有形態の変遷

前話で繁殖牝馬の所有形態の分類についてみましたので、今話は所有形態の変遷をたどってみます。

家族経営にとって競走馬経営はハイリスクであり、販売を含めたマネジメントをこなすのはたいへんです。とりわけ、日本の場合、多くが農民経営から出発したため、繁殖牝馬をすぐ所有することにはならなかったのです。競走馬牧場が増加していった一九七〇年代には、馬主や大手牧場から小生産者へ、仔分けによる繁殖牝馬の供給が行われていました。多くの生産者は、資本投下が少なくてすむ仔分けから始め、飼養・管理技術を習得し、競走馬経営に関するノウハウを身につけて、やがて自己馬を所有するという段階を通ったのです。仔分け馬に関しては、馬主・生産者双方にとって煩わしくトラブルが多いためもあって、徐々に、そして一九九〇年代になって急速に減少しました。それにとって代わったのが預託です。預託は、仔分けと直接の接続（仔分け契約が預託契約に代わる）はないものの、資金力の問題、経営のリスク分散や販売戦略上の問題から八〇年代になって増加し、とりわけ九〇年代半ばまで急増した形態です。

現在の経営も多くは、経営の大小を問わず、自己馬、仔分け馬、預託馬という所有形態の組み合わせで競走馬を生産・管理しています。およそ八～九頭の家族経営にあって、一〇〇％自己馬の経営もなければ、一〇〇％預託の経営もないのではないでしょうか。しかも、たとえば（馬主や大手牧

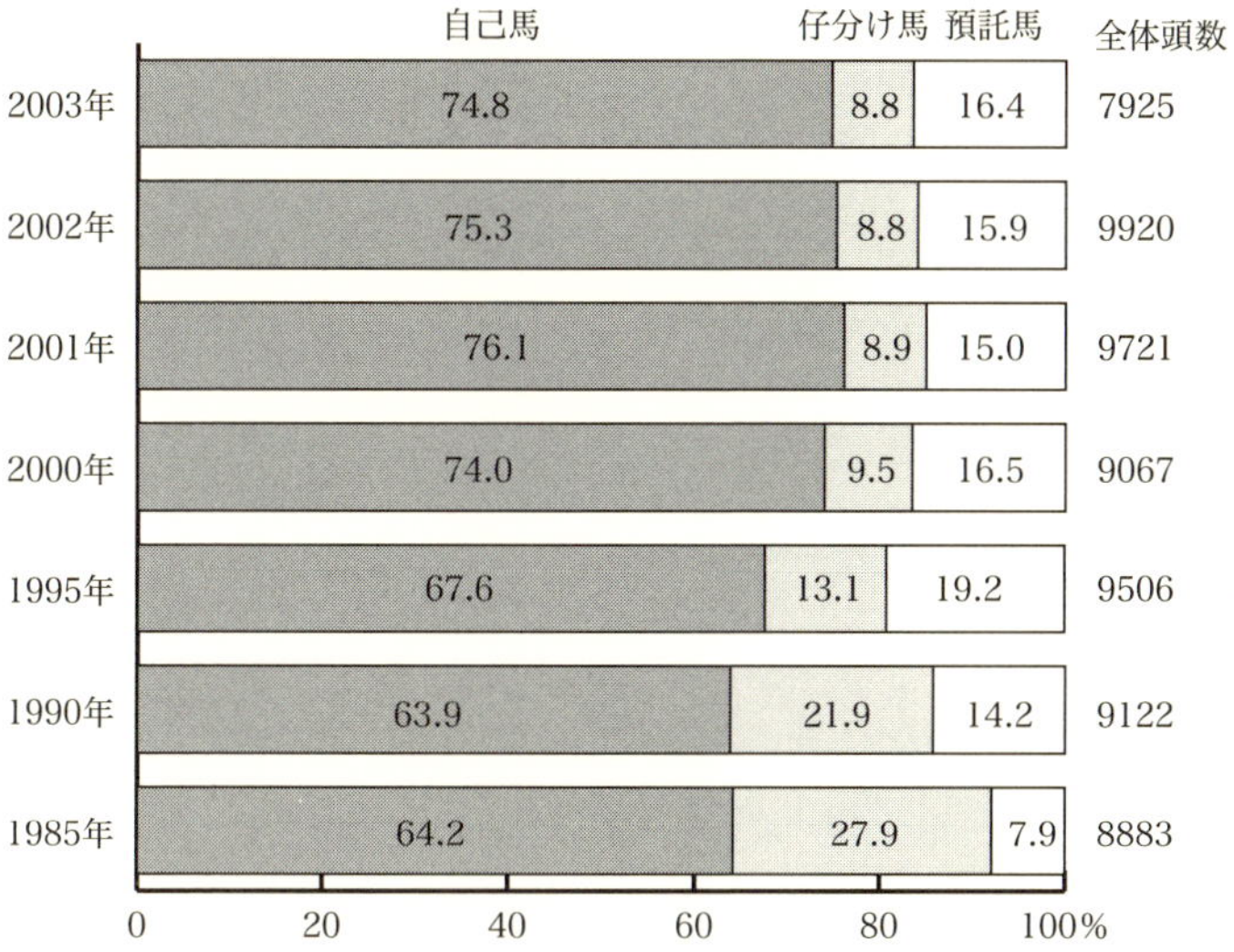

図 4 - 2　サラ系繁殖牝馬の所有形態比率の推移（日高地方）
資料）日本軽種馬協会『軽種馬生産関係資料』各年度版より作成。

場から）良血馬の預託馬を受託し、（生産牧場に）預託馬を出す牧場もある、など飼養形態は複雑に入り組んでいます。

図４-２は、繁殖牝馬の所有形態別の頭数と比率の推移を示しています。二〇〇三年には自己馬七五％、仔分け馬九％、預託馬一六％となっています。一九八〇年代に比べ仔分け馬の比率は急減し、預託馬は一時増えたのですが、一九九四年をピークに減少傾向にあります。自己馬はほぼ六〇％台で変わりなかったのですが、一九九一年を境にその後増加しており、九七年以降七〇％を越えるようになりました。全体として繁殖牝馬が減少したなかで、自己馬の割合が増加したということは、生産者の「自立化」にもみえますが、仔分けや預託契約の解約により、結果的に自己馬比率が

増えたという消極的要因のほうが強いとみてよいでしょう。仔分け馬が減少したのは、契約が複雑でトラブルが多いからです。また、預託馬が九〇年代後半になって減少したのは、馬主経済の悪化により所有馬を手放すことが多くなったこと、外国を含めた市場で馬が簡単に手に入るようになったこと、厩舎側が「持込馬」（馬主主導で厩舎に持ち込まれる馬）を敬遠する傾向にあること、などの要因によります。預託馬減少の要因は仔分け馬にもあてはまります。

第*34*話　看板馬のはなし

看板馬とは、文字通りその「牧場の看板」となるような自慢の繁殖牝馬のことを指した言葉です。少し年配の人は、こういう言い回しをしますし、別の表現で「かまど馬」ともいいます。

生産牧場には複数頭の繁殖がいますが、そのなかでも優れた特徴をもったものが看板馬です。「この牧場の繁殖牝馬〇〇の、今年の当歳は何か」「先週の競馬で勝ちあがった馬はここの〇〇の仔」「この〇〇の仔にははずれが少ない、走る」といったことが日高の関係者の話題になります。多くの場合は「繁殖自身が良血」「この繁殖の仔からオープン馬が出た」とか「近親（従兄弟・従姉妹）に重賞勝ち馬がいる」「この繁殖の血統は今ファッショナブルな流れ」「この繁殖の仔は毎年いいバランスの仔馬を産む」ことが看板馬の要素になります。

第32話でお話ししましたように、牧場には自己馬、預託馬、仔分馬がいます。どの所有形態でも、

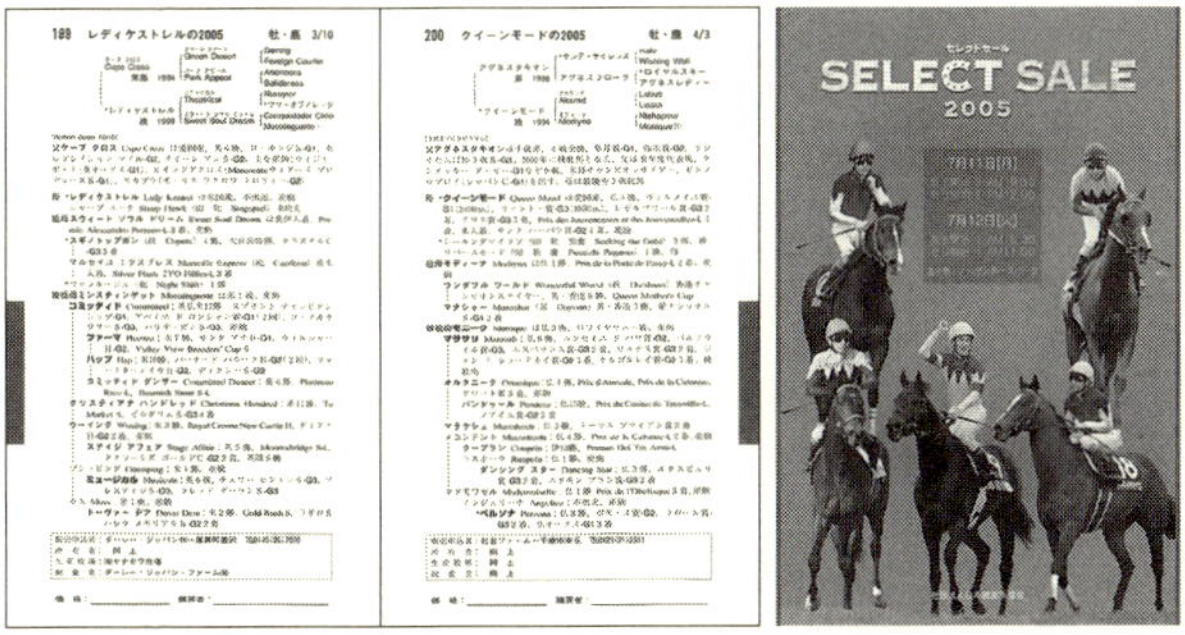

図4-3　セリ名簿(右)と上場馬のブラックタイプ(左)

「看板馬」になりますが、預託馬、仔分馬は所有権がないので種付けをはじめ経営管理は生産者の自由にはなりませんし、産駒収入もすべてが生産者に入るわけではありません。以前、何名かの牧場主に「預託馬と自己馬、活躍したときにうれしいのは本当のところどっちですか?」と質問をしたところ、「どちらでもうれしいよ、預託馬の仔が走れば牧場の信頼も厚くなる。でも欲をいえば自分の馬だったらよけいにうれしいね」という答えが返ってきました。牧場にとって自己所有の繁殖牝馬の仔が活躍したときの喜びは、また格別のものがあるようです。

ブラックタイプ(競走馬の血統図、人間の家系図にあたる)の表記はだれが見ても一目瞭然ですから、表記が華やかになることは生産牧場にとって仔馬を販売する際には有利になります。「この繁殖の仔や系統は走る!」と周囲が思うような看板馬を手にすることは牧場経営にとって非常に有利になります。

「産駒が走る→ブラックタイプが厚くなる→お客からの引き合い・問い合わせが増える→産駒が売れる→資金回転がよくなる→良質種牡馬と配合できる→血統のよい馬が生まれる→産駒

が走る」。このよきサイクルに流れが向かうと、牧場の経営はよくなります。

有名な牧場には、有名な繁殖牝馬の一族がいます。古いところではビッグレッドファームの草創期を支えた「オカノブルー」、ハギノの一族を出した「ハギノトップレディ」、サクラの一時代を支えた「サクラクレアー」、一族に多くの重賞勝ち馬を出している「シバスキー」、「マックスビューティー」、トウショウの黄金期を支えた「ソシアルバターフライ」「ロジータから派生した一族」など。これほどではないにせよ、一族から安定して走る系統の繁殖がいるだけでも牧場にとっては十分すぎるほどの効果があり、ときには牧場の経営を大きく左右するほどの影響力があります。どれが看板馬か？　これは馬産地にいるか、業界に身を置いているか、または頻繁に馬を見たり買ったりする人ならば比較的簡単に思いつくでしょうが、それ以外の人には難しいかもしれませんね。

看板馬、それは生産牧場のかまどを支える柱です。

第35話　繁殖牝馬導入の方法

日本の種牡馬のトップクラスは、今日では世界的にみても一流（超一流）といえるようになりました。しかし、繁殖牝馬は、日本の生産構造に規定されて全体としてはまだまだ劣っており、しかも質のバラツキが大きいのが現状です。今日、競馬の国際化のなかで日本の競走馬が「質的発展」を求められているとすれば、繁殖牝馬の更新が大きな課題のひとつといってよいでしょう。そこで、繁殖牝馬の導入（更新）方法をみてみましょう。

自己馬の導入方法は、購入（国内、国外）、譲渡（仔分け上がり、預託上がり、その他）、自己生産（競馬場上がり、未出走）があります。

繁殖牝馬の購入は、生産者の資金不足もあって近年まではあまりなかったのですが、ＪＲＡの補助（一千万円上限、二〇％補助）*が出るようになってから（とくに企業経営、家族大経営では）増え、外国からの購入も増えました。

譲渡にはさまざまな形態が存在します。仔分け上がりとは、当初からの約束で何頭仔馬を出したら生産者に譲るという場合もあります（一頭返し、二頭返し）が、馬主が引き取らなく仕方なしに生産者の自己馬になるというケースもあります。預託馬から譲渡の場合は、馬主の方からの意向、生産者からの意向の両方があります。自己生産馬を繁殖にするのは競馬場上がりと競馬場に行かない（未出走）で繁殖にする場合とがあります。競馬場上がりの場合、競馬をするときだけのリース契約をし、そのあいだ、別の馬主が保有するケースもあります。仔分け馬や預託馬の産駒が、競馬場で走って繁殖に戻ったら生産者に譲渡するという約束のケースもあります。

巻末表6は、繁殖牝馬の更新方法をみたものです。全体的にみて「競馬場上がり」が五二％と過半数を超えていますが、国内購入（三二％）、預託譲渡（三二％）が続きます。階層的にみると、「競馬場上がり」が各層とも（上位層ほど）高く、また、上位層ほど「購入」比率が高く、下位層ほど「譲渡」比率が高くなっています。さらに、「購入」により繁殖牝馬を更新した場合の購入価格は、上位層の約半数が二千万円以上の繁殖牝馬を購入しており、下位層は五〇〇万円以下が大部分を占めています。さらに、外国馬の購入の価格帯は、ほとんどが一千万円以上の繁殖牝馬で占められ、ＩⅡ階層では過半が二千万円を超えています（ＩⅡ等の階層については第27話参照）。

＊　優良繁殖牝馬の導入事業は、二〇〇五年度から地方競馬全国協会の「競走馬生産振興事業」で実施されるようになった。事業内容はほぼ同じだが、事業対象者が「日本軽種馬協会会員」から「認定農業者」等に改定され、海外で購入するときはセリ取引馬等に限定された。さらに、〇五年からの「軽種馬経営構造改革支援事業」の実施により導入される馬の補助率と限度が引き上げられ、購入価格の三分の一、一七〇〇万円が限度になった。

第36話　繁殖牝馬セール

このテーマの最後に、繁殖牝馬セールについて触れておきましょう。

繁殖牝馬の市場は、日本では近年まではあまり成長しませんでした。それは生産者の経営基盤が零細（資金がない）なこと、譲渡（仔分け上がり、預託上がり、その他）によって比較的簡単に繁殖牝馬が手に入ったためでした。一九九〇年代に入って国際化が進み、繁殖市場も活発になってきました（第35話）。しかし欧米に比べると、この市場はまだ未成熟であるといえましょう。

繁殖牝馬市場は、近年まで社台グループとジェイエスの二つの市場が開かれていました。最近

表 4 - 1　繁殖牝馬市場成績

市場名	売却頭数			価格（万円）			
	受胎	空胎	計	総額	最高	最低	平均
1997（2 市場計）	94	18	102	90 967	5000	100	874
1998（2 市場計）	38	9	47	18 368	1500	50	391
1999（2 市場計）	109	18	127	73 481	4800	50	602
2000（2 市場計）	111	14	125	80 426	4000	60	643
2001（2 市場計）	148	21	169	72 088	4000	20	487
2002（2 市場計）	75	21	96	39 662	3050	2	413
うち社台グループ	41	6	47	32 270	3050	120	687
うちジェイエス	34	15	49	7 392	1600	2	151
2003（ジェイエスのみ）	34	13	47	10 849	965	2	231
2004（ジェイエスのみ）	55	9	125	32 636	6615	2	510

資料）日本軽種馬協会『軽種馬生産統計』『軽種馬統計』各年度版より作成。

の売却価格と市場成績について、表4‐1に掲げました。一九九五年まではレックスという競走馬商社も繁殖牝馬セールを行っていたのですが、現在は行っていません。二〇〇二年までは、ジェイエスが秋、社台グループが一月に開催していましたが、〇三年からはジェイエスのみとなりました。ところで、ジェイエスと社台グループとでは価格差がかなりありました。繁殖牝馬の売却は「受胎」が多く、年齢も価格もかなり多様です。社台グループの繁殖牝馬セールについてみ

表 4 - 2　繁殖牝馬の平均評価額

（単位：千円）

	平均価額	最大値
1993 年馬	81 頭　3635	15 000
1994 年馬	77 頭　3372	15 000
1995 年馬	61 頭　3747	15 000

注）1998 年度以降の『軽種馬生産の経済分析』は発行されておらず、上の表が最新のデータである。

資料）JRA『軽種馬生産の経済分析』各年度版より作成。

ると、九八年に中断があるものの毎年行われていました（〇三年から再び中断）。社台グループの場合は、自社の繁殖牝馬の入れ替えにともなう事業ですが、買い手の側からみると、良血の繁殖牝馬を比較的簡単に手に入れることができるというメリットがあります。

ジェイエスの場合は市場以外でも繁殖牝馬売買の仲介を行っており、その場合の手数料は五％程度のようです。ジェイエスがこの事業を開始したのは、シンボリ牧場の繁殖牝馬の入れ替えに関わったことによります。二〇〇二年には二つの市場で一五五頭が上場し、九六頭が売却、売上総額は約四億でした。

繁殖牝馬の価格は、血統や年齢、受胎成績によりかなり幅があります。表４-１の社台グループの価格は平均より高すぎ、ジェイエスは低すぎます。そこで、表４-２を掲げます。この表は、ＪＲＡ『軽種馬生産の経済分析』によるデータですが、繁殖牝馬の平均価格は三五〇万円ほどのようです。この調査はその後行っていませんが、この数値を目安にしてよさそうです。

第37話　家族牧場、出産の日

出産の季節は、競走馬牧場、とりわけ家族経営の牧場にとって一番忙しく、また一番緊張する季節です。この時期は、出産と種付けが重なりますので、精神的にも体力的にも大きな負担がかかります。

馬の妊娠期間はおおむね一一カ月です。ある年の四月一五日に種付けされた馬の出産予定日は、翌年の三月一五日となります。この一一カ月後の予定日にむかって牧場では段取りを始めます。牧場では、冬場も引き馬（人間が人為的に馬を歩かせる）やウォーキングマシンを使い、繁殖牝馬に適度な運動をさせます。人間の妊婦にとっても適度な運動がよいのと同じです。予定日の一カ月ほど前からは、より注意深く馬を観察します。お産の四～三週間程前から乳房が大きくなり、三～二週間前になるとお腹が下がり始め、「近づいてきた」雰囲気を漂わせるようになります。早い馬では一週間前ぐらいから乳頭が大きくなり始めます。その後、乳頭先端部にヤニ状の分泌物が見られるようになると「乳ヤニがついた」といわれ、後五日ほどで生まれるのです。牧場では「お産馬房」という、お産専用の馬房の準備を行います。お産馬房は通常の馬房よりも大きくつくられ、より清潔に保たれています。繁殖牝馬の状態を家のなかからでも確認できるようにするため、カメラが設置されます。また馬房の隣には人間が常時、待機できる簡単な部屋が設けられている場合もあります。

乳房が下がり始め、外陰部の膨張と弛緩がみられるようになると、お産馬房に入ることになります。馬はたいてい夜お産をしますので、人間は睡眠不足覚悟で繁殖の様子を観察し続けます。お産馬房に設置したカメラの映像を家のモニターでチェックしたり、馬房に行って馬の状態を確認したりと、夜の見張りが続きます。馬によっては何日も生まれないこともあります。当然、お産馬房以外の馬は普段通りの飼養管理が行われるので、寝不足のうえに体力も消耗します。

お産馬房内で馬が動き回り、発汗がみられるようになると、二～三時間でお産をむかえます。陣痛が始まり、破水が近づくと馬は横になります。そして破水。最初に白っぽい羊膜がみえ、胎児の前肢が顔をみせます。ついで胎児の鼻、顔があらわれ、肩、胸、尻、後肢の順に母馬の体外に出てくるのが正常なお産です。人間は仔馬の前肢をもち、お産の手助けをします。馬のお産には不思議な雰囲気がともないます。とくに生まれて初めてお産をみる人にとっては、その雰囲気は不思議な温かみと緊張感があり、表現しがたい感動を味わいます。破水してから生まれるまで長くとも三〇分くらいでしょう。生まれたての仔馬はすぐに自分で呼吸を始めますが、自発呼吸がない場合は人間が仔馬の口、鼻に異物等がつまっていないか確認し、鼻から息を吹き込んで呼吸を促します。ついで母馬からは後産と呼ばれる胎盤が排出されます。この後産が正常に排出され、かつ後産に異常がなければ、あとは仔馬が自力で立ち上がるのを待つばかりです。仔馬の体は文字通り濡れねずみ状態なので、体をふきあげ、立ち上がるのを待ちます。

生まれてから約三時間以内に仔馬は立ち上がり、母親の乳を吸います。無事立ち上がり、乳を飲むことができれば一区切りでしょう。生まれた仔馬には免疫がなく、母親の乳から免疫を獲得するため、可能なかぎり早く、立ち上がり乳(初乳)を飲むことが重要です。仮に夜一〇時に発汗が始まったとして、破水は朝一時三〇分、仔馬が生まれるのが二時、立ち上がり乳を飲み始めるのが三時、後産が無事排出されてお産が一段落するのが四時。あと二時間もすれば、朝の飼葉の時間です。企業経営規模の大牧場ならばある程度余裕があるかもしれませんが、家族労働ではそうはいきません。仮に今回のお産に社長(牧場主)と息子がついていたとして、お産終了後、社長はひと眠り、息

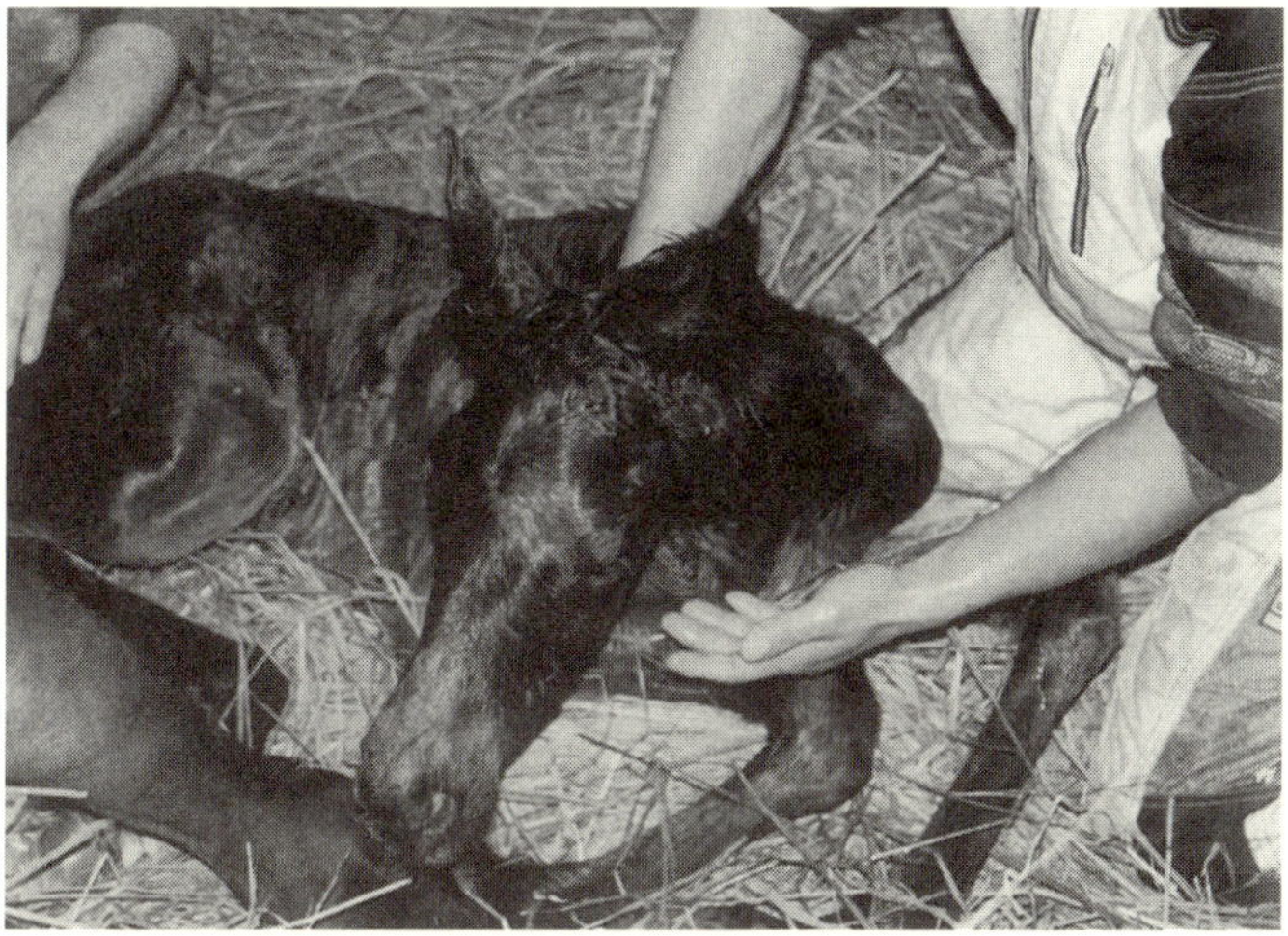

図4-4　出産直後の仔馬

子はほんの一息ついて、社長の奥さんと息子の奥さんと一緒に朝の飼葉と放牧をすませて、寝藁を上げてから、社長と交代でやっとひと眠り……と、こんな感じになります。何らかの事情でお産の期間が集中してしまうと、睡眠不足で体力はどんどん削られてしまいます。

シーズン最初のお産の場合は、日常の馬の飼養管理とお産ですみますが、一頭のお産が終わった後はその馬に種付けをする作業が始まります。そのうちに、次の繁殖のお産が近づいてきて……。そ難産であれば、さらに大変です。そして、仔馬にとって産後五日間は目が離せない期間です。自らの体の仕組みや栄養の摂取方法を新たに組み直す期間にあたるため、体調は不安定になりがちです。馬は犬や猫のように自分の仔を抱く動作はしないので、馬房を暖め、仔馬の体温が下がらないように馬服を着せ保温につとめなければなりませんし、不慮の黄疸や疝痛も起こりえます。人間はそのつど対処をしていく必要に迫られますし、その間も通常の牧場作業は行わねばなりません。

近年、企業経営牧場を中心に出産時期が早まる傾向にあり、家族経営牧場にもその影響は波及しています。日本競走馬協会主催「セレクトセール」の盛況が、お産時期を早めた遠因の一つに数えられるかもしれません。「セレクトセール」の最大の売りは、「まばゆいばかりの良血当歳馬がそろっている」ことです。バイヤーは血統で甲乙つけがたいときはどうするか？　馬体のよくみえる方を買おうと思うのは自然です。一月生まれの当歳馬と四月生まれの当歳馬は、どちらの馬体がよくみえるか？　それは当然、一月生まれです。三カ月早く生まれた仔馬のほうが、その分成長も早く、有利になります。「セレクトセール」の名簿には上場馬の写真が掲載され、三カ月の違いはけっこうな差になります。意図的に早生まれの仔馬を……という傾向がお産時期を早めている可能性は、十分にありえます。

第38話　種牡馬の決定的役割

「サラブレッドは血で走る」といわれます。競走馬における血統、とりわけ種牡馬の血統の重要性についてはあ改めていうまでもないでしょう。

日本のように零細なマーケットブリーダーが支配的な国において、「血統神話」はさらに強力

表4-3　2004年種牡馬別獲得賞金ベスト10（中央競馬）

順位	種牡馬名	獲得賞金（万円）	出走頭数	勝利頭数	勝利回数	重賞勝利数	勝馬率
1	サンデーサイレンス	889 171	494	216	327	30	43.7
2	ダンスインザダーク	244 753	265	81	112	4	30.6
3	ブライアンズタイム	205 650	226	71	95	5	31.4
4	フジキセキ	171 491	219	61	90	4	27.9
5	トニービン	137 964	87	31	43	4	35.6
6	サクラバクシンオー	128 878	170	59	73	1	34.7
7	アフリート	125 134	177	53	79	0	29.9
8	エンドスイープ	122 511	94	45	69	5	47.9
9	フォティナイナー	111 815	125	45	64	2	36.0
10	バブルガムフェロー	110 620	192	49	63	0	25.5
ベスト10計（a）		2 247 987	2049	711	1015	55	
中央競馬会合計（b）		6 536 870	9868	2493	3317	118	
（a）/（b）		34.4	20.8	28.5	30.6	46.7	

資料）『JBBA NEWS』2005年2月号、『中央競馬年鑑』より作成。

になります。オーナーブリーダーだと「好みの血統」「夢の配合」での生産も可能ですが、マーケットブリーダーだと馬主に「買ってもらえる血統」、調教師に「相手にしてもらえる血統」を優先せざるを得ないからです。「買ってもらえる血統」とは、いきおい「競走成績のよい種牡馬」になります。種牡馬の役割が高くなればなるほど「サラブレッド・ビジネス」は隆盛をきわめ、一頭の種牡馬が経営体の命運を決するほどの決定的な意味をもってきます。社台グループの成功は、なによりもノーザンテースト、トニービン、サンデーサイレンス等種牡馬事業の成功でした。

表4-3は、二〇〇四年の中央競馬サイアーズベスト一〇を載せたものです。サイアーズナンバーワンのサンデーサイレンスの産駒だけで、同年の中央競馬全獲得賞金の一四%、重賞一一八レースのうち三〇レースを占めたのです。さらに、サイアーズベスト一〇の合計では、出走頭数の二一%で勝利回数の三一%、獲

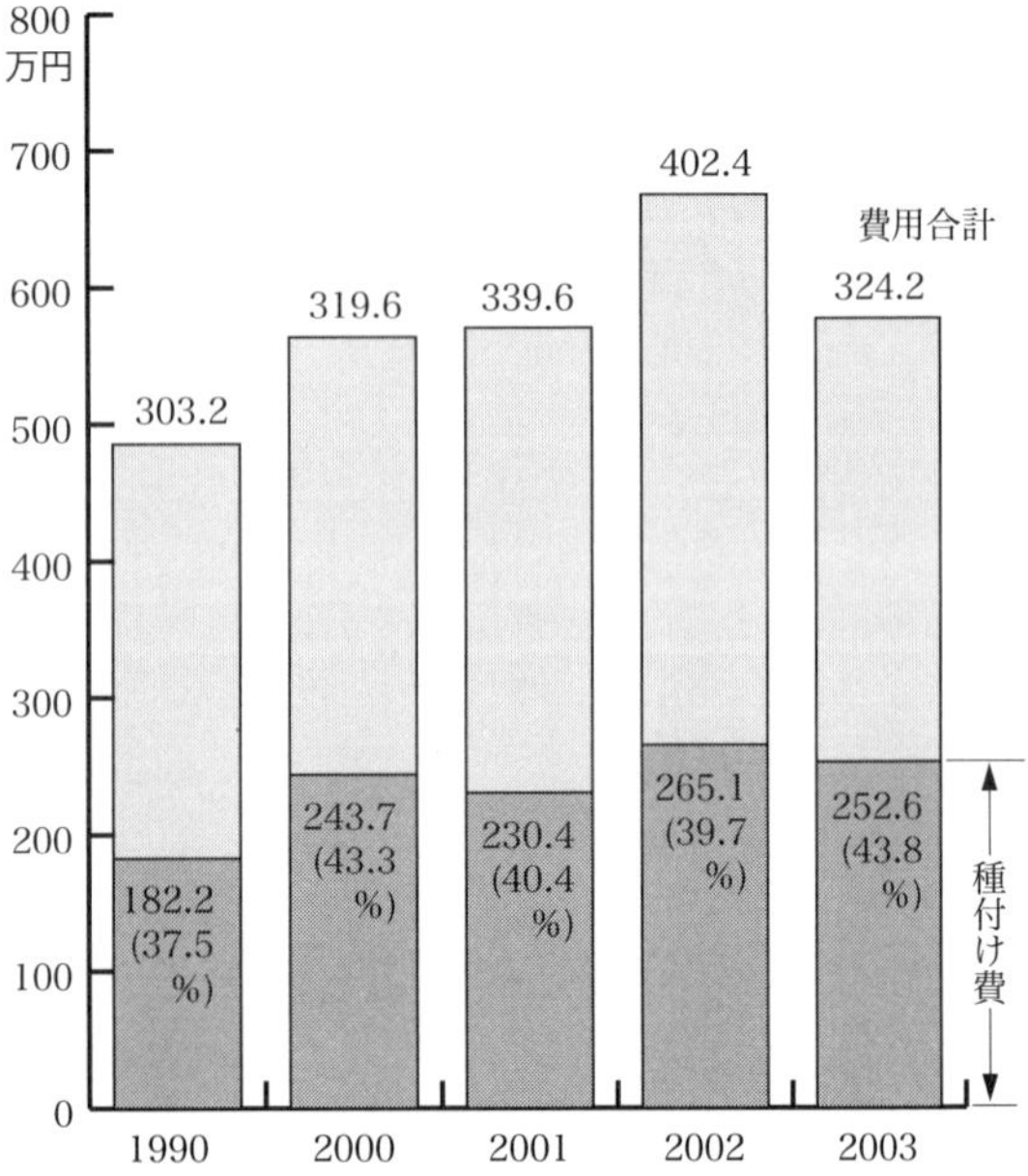

図4-5　サラブレッド1頭あたり費用合計と種付け費（日高）
資料）JRA『軽種馬生産費調査』各年度版より作成。

得賞金の三四％と三分の一を超えているのです。もちろん、これらの種牡馬の種付けをする繁殖牝馬の質が高いということもありますが……。こうなると、ますます有名種牡馬の地位は高くならざるをえません。近年の不況の反映で、種付け費実額が高騰しているわけではないのですが、種牡馬の位置づけが高くなっているということには変わりありません。

競走馬経営のなかでも種付け費は大きな比重を占めます。図4-5はサラブレッド一頭当種付け費と費用合計（日高）です。種付け費は競走馬経営の最大の費目であるだけでなく、費用合計の四〇％、あるいはそれを超える割合を示しています。競走馬経営にとっては、どんな種付けをするか、どんな配合をするかは経営上の大きな戦略の一つになります。

この図でちょっと注意していただきたいのですが、それは「生産費調査」における種付け費は、実際の平均種付け費ではないということです。「生産費調査」の種付け費は、生まれて販売された産駒一頭あたりの費用ですから、たとえば前年生まれなかった(空胎)場合の種付け費も含まれてくるのです。実際の種付け費は、表にある額の六〇%くらいになります。

競走馬経営はリスキーというお話を何度かしましたが、費目別に一番リスキーなのは種付け費です。実額平均約一五〇万円、コストの四〇%をかけても、生まれない場合(種付け費は全額支払うわけではありませんが)、売れない場合もあり、売れた場合でも価格差はとてつもなく大きいのです。種牡馬以外の費用、飼料費、労働費などはそれほど変動がありませんので、種付け費が生産費変動の最大の要素になります。

第39話　種牡馬の区分と地域分布

まず、表4-4はサラ系の供用種牡馬を所有形態別に輸入馬と内国産馬とに分け、その推移を示したものです。全体として、バブル経済の時期を境に種牡馬の数は減少しています。二〇〇四年の輸入馬対内国産馬の割合は四六%対五四%ですが、シンジケートだとその割合は五六%対四四%と逆転します。逆に、個人所有は内国産馬が多くなっています(五八%)。シンジケートについては、第41話で詳しくお話しします。

表4-4　サラブレッド供用種牡馬、所有形態別輸入・国産別頭数の推移

	1990	1995	2000	2004
日本軽種馬協会	27	23	21	25
輸入馬	23	18	18	20
内国産馬	4	5	3	5
軽種馬農協	12	7	6	4
輸入馬	5	4	4	2
内国産馬	7	3	2	2
シンジケート	176	143	77	66
輸入馬	101	84	48	37
内国産馬	75	59	29	29
個　人	374	308	260	233
輸入馬	117	95	104	98
内国産馬	257	213	156	135
合　計	589	482	364	328
輸入馬	246	201	174	157
内国産馬	343	281	190	171

注）国有、リースの種牡馬を除いてあるので、合計が合わない年がある。
資料）『軽種馬生産統計』『軽種馬統計』各年度版より作成。

種牡馬を所有形態別に分けると、大きくは団体有（含国有）と民間有とに分けられます。団体有は、馬事協会有、国有（独立行政法人）の種牡馬も若干いますが、一般的には組合と協会の種牡馬をさします。組合種牡馬は、現在では日高軽種馬農協、十勝軽種馬農協のみの繋養となっています。協会種牡馬とは、競走馬生産者の全国組織である日本軽種馬協会の所有種牡馬であり、自ら購入した馬とJRAから寄贈された馬とがいます。協会有の種牡馬は、組織としての性格から全国の支部にまんべんなく配置されています。

民間有種牡馬は、個人所有とシンジケートとに分けられます。個人種牡馬の大多数は、種付け頭数一〇頭未満であり種付け料は安いものが多く、個人的、趣味的な要素が強いといえます。

巻末の表7に、種牡馬の地域分布をみたものがあります。これによると、種牡馬総数の七二％が日高に集中しています。北海道はシンジケートが比較的多く、本州地区は協会種牡馬の割合が高いという特徴が指摘できます。シンジケートはこの数年で少なくなってきたのですが、そのなかで胆振のシンジケート（しかも良血種牡馬）の割合が多くなっているのが特徴です。

近年は種牡馬の数が減っているなかで、種付け頭数、種付け料とも二極化が進んでいます。二〇〇四年の種付けサラ系繁殖牝馬は一万一八九一頭、供用種牡馬は三二八頭ですから、一頭あたり種付け頭数は三六頭になります。しかし、これはあくまで平均であり、一方では種付け一〇頭以下の種牡馬が一五六頭四八％（個人所有馬がほとんど）いるのに対し、一〇〇頭以上の種付けが三七頭一一％いるというように、種付けの二極化が進んでいます。〇四年の種付け頭数ベストスリーは、シンボリクリスエス（二二七頭）、マンハッタンカフェ（二〇六頭）、アグネスタキオン（二〇〇頭）でした。また、種付け料の平均は一五〇～一八〇万円ほどですが、〇四年では六〇万円未満の種牡馬が六九％を占めるのに対し、三〇〇万円以上の種牡馬が七％（一九頭）となっています（プライベート、無料等を除く）。〇四年の供用予定種牡馬で公表されたもののトップは、フレンチデピュティの七〇〇万円、次位はクロフネ、ファルブラヴの五〇〇万円、内国産馬ではフジキセキとサクラバクシンオーの五〇〇万円でした。〇一年まではサンデーサイレンスの二五〇〇万円を始め、高い種付け料の種牡馬が目白押しでしたが、〇三年から公表一〇〇〇万円以上の種付けはなくなりました。ただし、公表はしていませんが、今、一番高い種付け料は、ブライアンズタイムの一〇〇〇万円のようです。

第40話　競走馬経営と種付け料

前話で述べた「種牡馬の二極化（種付け頭数、種付け料）」は以前からの現象とはいえ、競馬不況と国際化の影響があらわれてからとくに著しくなりました。一九九〇年代の国際化の進展は、良血種牡馬の導入をもたらし、種付費の平均価格を高騰させました。また、一部生産者は良血種牡馬の種付けで国際化を乗り切ろうとしました。しかし、国際化と競馬不況は時期的に重なりましたから産駒価格は低迷しました。その結果、競走馬経営はますます危機的になったのです。

表4-5は、種付け費の対平均市場価格比です。種付け費の対平均市場価格比、つまり、種付け費の何倍で仔馬が売れたかを示すものは、馬産経済の好・不況を端的に示す値です。これをみると、バブル最盛期の九〇年は種付け費の約五倍に売れ、不況になって三倍前後になり、〇二年は、なんと二・五に低下（悪化）するようになったのです。今日の種付け費の対平均市場価格比が、バブル期から半分になったということは、「競馬不況」を端的に示す数値といってよいでしょう。

不況になればなるほど、生産者の種付けに対する戦略はますます熾烈を極めるようになりました。「種付け費は極力抑えたいけれど、良血種牡馬を付けないと売れない」というジレンマです。そこで、生産者の、経営類型ごとの種付料に関する考え方をみてみましょう（表4-6）。

これによると、全体的には「総額を決め配分」が多いようですが、上位層ほど「配合を重視して価格は気にしない」「看板馬のみに投資」との回答が多く、下位層ほど「極力抑える」との回答が

表 4 - 5　1 頭あたり種付け費と市場価格（サラ系、全国、単位：千円）

	1975	1980	1985	1990	1995	2000	2002
種付け費（a）	689	1044	1176	1680	2232	2118	2190
1 歳平均市場価格（b）	3392	3712	5205	8421	6598	6248	5479
（b）/（a）	4.9	3.6	4.4	5.0	3.0	2.9	2.5

注）種付け費、市場価格とも 1 年前に生産された馬を対象としている。
資料）JRA『軽種馬生産費調査』、『軽種馬統計』各年度版より作成。

表 4 - 6　経営類型別の種付け料に関する考え方

経営類型	配合重視、価格気にせず	看板馬のみ投資	極力抑える	総額を決め配分	その他	合　計
I	29	23	13	31	3	99
II	20	25	18	66	5	134
III	28	57	85	217	7	394
IV	12	13	46	52	2	125
合計	89	118	162	366	17	752
I	29.3	23.2	13.1	31.3	3.0	100.0
II	14.9	18.7	13.4	49.3	3.7	100.0
III	7.1	14.5	21.6	55.1	1.8	100.0
IV	9.6	10.4	36.8	41.6	1.6	100.0
合計	11.8	15.7	21.5	48.7	2.3	100.0

注）上段は実数、下段は構成比、構成比の母数は回答者数。
資料）前掲「日高地方における軽種馬経営意向調査」より。

多くなっています。ここで「看板馬」とは、その経営にとって「経営を支える」「自慢の血統」である繁殖牝馬のことですが（第34話）、「看板馬のみに投資」はその少数頭の繁殖に重点的に投資することを意味します。種付け料に関しても経営階層ごとに考え方や取り組み内容がかなり異なっていることがうかがえます（ⅠⅡ等の階層については第27話参照）。

第41話　シンジケートのはなし

種牡馬の所有形態の一つに、シンジケートというものがあります。シンジケートとは、多数の生産者が種牡馬を共同で所有・管理し、その種牡馬の種付け権利（株）をもつ組織（「法人格のない組織体」）のことであり、戦後、イギリスやアイルランドで組織されました。日本では、一九五四年に結成されたハロウェー会が最初であるとされていますが、急速に増えたのは一九六〇年代後半からです。二〇〇四年現在のシンジケートの数は六六（輸入馬三七、内国産馬二九）です。ピーク時（一九九一年）には二二六ありましたから、シンジケートは激減しました。シンジケートの株主はその株の保有数に応じて自分の繁殖牝馬に一株につき一頭、毎年種付けをする（二分の一株は二年に一頭）権利を得ることができます。このように、一頭の種牡馬を多数の株主が所有することで、高額な種牡馬を使用することが可能になったのです。これ以外にも、余勢種付けとして会員以外に種付けすることもあり、その収益は会員に配当金として支給されます。競走馬生産者以外も会員になることがあります

表4-7　種牡馬シンジケート株の所有と利用

地区	所有								利用	
	計	なし	あり	1株券		1/2株券		その他	当年利用	
				件数	株数	件数	株数		件数	株数
日高	437	179	258	217	5.0	123	2.8	11	258	4.1
胆振	35	8	27	22	22.4	5	1.8	0	27	12.7
十勝	11	10	1	1	1.0	0	−	0	1	1.0
東北	55	34	21	17	8.6	1	1.0	1	21	5.1
関東	15	13	2	1	2.0	1	1.0	0	5	1.6
九州	24	21	3	3	4.0	2	3.0	0	3	3.0
全国	577	265	312	261	6.7	132	2.7	12	315	4.9
(割合)	(100.0)	(45.9)	(54.1)							

注）JRA、1997年10月実施アンケート。調査対象者2206戸、回収609戸。うち有効回答のみ集計。

が、その場合は配当金が目当てとなります。バブル期にシンジケートが増えたのは、配当金目当てのものもあったようです。一種の「株」ですから売買は基本的には自由であり、永久株をシェアー、一年株をノミネーションと呼んでいます。一九九〇年代までは、ノミネーションセールが大々的に行われていましたが、近年はノミネーション取り扱い商社が印刷物を配布し、個々の種牡馬のノミネーション価格の情報が伝わるようになったため、セールはあまり行われていないようです。

シンジケートは通常四〇〜五〇株で組織され、種牡馬代、飼養・管理費、保険、運営費等を五〜六年年賦で償還するような計画で行われます。近年は四年償還が増えてきました。四年という年月は、シンジケート種牡馬の初産駒がデビューし、その種牡馬の評価（よくも悪くも）がほぼ定まるので、そのあいだに償還を終わらせる必要があるからです。

表4-7は、少し古いデータですが一九九七年の生産者アンケートによるシンジケートの加入状況です。これによれば、

回答者の過半（五四％）がシンジケート株を所有し、平均所有株数は約九株でした（六・七株＋二・七株）。地域別に北海道の加入率が高いのは、シンジケート組織が身近に多くあるからです。ここで特徴的なのは、所有株（約九株）よりも利用株（約五株）のほうが少ないことです。全国の競走馬経営の平均繁殖牝馬飼養頭数が八・八頭ですから、この時期まで生産者は、利用する繁殖分かほぼそれに匹敵するシンジケート株を所有していたことになります。バブル経済のころまでは、自分の繁殖牝馬の数よりもはるかに多いシンジケートを所有していた生産者がいたのですが、不況になってからはシンジケートの加入も減ったようです。

一九八〇年ころまでのシンジケートは文字通りの生産者同士の共有という性格が強く、事務局も農協、信金、軽種馬農協などが担っていました。しかし、今日では、少数の大手牧場と大手牧場と結びついた競走馬商社が実質的組織者となり、事務局もほとんどが商社となっており、商社の資金調達機構という性格が強くなってきました。

また、シンジケートとよく似た組織に種付け権利型種牡馬*があります。この形態は、種牡馬の所有権は個人または法人であり、シンジケートと同じような数の種付け権利をもつ者を組織するものです。種牡馬の所有権は会員にはないという点で、厳密にはシンジケートではないのですが、産地ではあまり区別せずに「シンジケート」と呼んでいるようです。

＊　前掲『軽種馬取引の法律問題』二一五頁。

第42話　種付け料の支払方法

種付け料は、一九八〇年代までは受胎の有無にかかわらず、全額一括払いが支配的でした。ところが、近年の種付け料の高騰や生産者の競走馬経営の悪化という状況を反映して、さまざまな支払方法がとられるようになりました。しかし、支払いが種付けの後になるケースが増えたことから、種付け料の未払いや遅払いが増加しているという新たな問題も起こっています。

現在の支払方法を整理すると、以下のようになります。

（1）種付け前の全額前払い
（2）種付け前に申込金を支払い、受胎確認後に残額を支払う（受胎しなければ残額を支払う必要はないが、申込金は返還されない）
（3）種付け前に全額前払いするが、不受胎時に代金の七〜九割程度を返還
（4）種付け前に全額前払いするが、不受胎時全額返還
（5）受胎確認後に全額支払い
（6）受胎確認時までの全額支払いだが、流産、死産または生後直死の場合には見舞金として種付け料の一部を返還
（7）種付け前に支払った後（前払い、または受胎確認後）、不慮の事故（流産、生後直後の死）の場合、もう一度無料で種付けできるもの

表４-８　種付け条件と平均価格

	シンジケート	個人	組合	日軽協	合計
合計（頭）	66	233	4	25	328
条件付き割合（%）	78.8	71.7	100.0	100.0	75.6
うち受胎条件（%）	43.9	33.9	0	0	32.9
うち生存条件（%）	28.8	32.2	100.0	0	29.9
うち申込金＋他条件（%）	6.1	5.6	0	100.0	12.8
受胎条件（万円）	169	59	–	–	80
生存条件（万円）	99	40	54	–	53
申込金＋他条件（万円）	115	54	–	221	143
固定価格（万円）	–	74	–	–	74
平均（万円）	129	50	54	221	74

注）　頭数は全国データであり、平均価格推計では日高に限定した。
資料）「軽種馬改良情報システム（JBIS）」資料より伊藤雅之氏作成。

（８）産駒誕生後に全額支払い
（９）一歳の一二月三一日まで種付け証明書が必要となったときに、これと引き換えに全額支払

たとえば前記（２）（５）（６）では、繁殖に種付けして受胎（妊娠）が確認できた後（おおむね八月末あたりまでで受胎の有無を確認）、種付け料を九月末日までに支払う方法です。（６）は日本軽種馬協会の種牡馬に適用例があります。（７）は、この二〜三年、民間有種牡馬で急激に広まった方式で、フリーリターン制度と呼ばれています。最後の（９）は、プロフィットプライスと呼ばれています。この方法だと不受胎、事故による死亡などの場合、種付け料を支払わないですむという、生産者にとっての利点（プロフィット）があるのでこのように呼ばれています。* 種付け条件のさまざまな支払方法が増えたということは、近年の競馬不況による生産者の経済苦境を反映しているといえます。

表４-８は、所有形態別に種付け条件と平均価格を示したものです。

全体的に、受胎条件、生存条件などの条件付きの割合が

七六％と約四分の三です。一九九九年の同じ調査の結果が六三％でしたから条件付きの割合は年々高くなっています。条件のうち、受胎条件は三三％、生仔条件三〇％、申込金＋他条件が一三％となっています。無条件に種付け料を前払いで支払い、不受胎であっても種付け料は返還されないといったようなリスクの高い条件は減少しています。とくに、組合、協会の種牡馬はすべて条件付きとなっており、組合員への配慮がうかがえます。

次に、所有形態ごとの平均価格をみてみると、シンジケートが一二九万円、協会二二一万円、個人五〇万円、組合五四万円となっています。ひところより種付け料は安くなっていますが、シンジケートでは高額な良血種牡馬とそうでない種牡馬の二極化が進んでいることをうかがわせます。

＊　この整理は、前掲『軽種馬取引の法律問題』一八頁を参考に一部補正した。

第43話　種牡馬と競走馬商社

戦後日本の競走馬生産の歴史は、種牡馬の高品質化とともに、種牡馬の寡占化の歴史といってよいでしょう。とくに一九八〇年代後半からは海外のＧＩホースが続々と輸入され、競走馬商社が組織したシンジケートによる種牡馬の寡占化が目立つようになりました。

表４-９は、サラ系賞金獲得上位五〇頭のスタリオン別のシェアです。これによると、民間ベス

表4-9　サラ系スタリオン別獲得賞金シェア

	1984		1989		1994		1997		2000	
社台スタリオンステーション	5	1 158 5.9	2	3 636 9.5	1	7 308 24.0	1	12 599 37.1	1	18 658 39.7
社台スタリオンステーション（2歳）	2	265 12.3	2	459 17.2	1	1 219 40.4	1	1 026 31.5	1	1 693 49.2
民間ベスト4の合計		5 369 19.3		8 621 27.5		18 497 52.5		21 565 63.5		27 238 57.9
軽種馬協会・軽種馬農協（日高・胆振）	1	3 313 16.8	1	3 997 14.4	5	2 445 8.0	4	2 505 7.4	2	5 830 12.4

注）1. 上段は獲得賞金（100万円）、下段はシェア、金額の前の数字はスタリオン別順位。
2. 種牡馬の繋養地は移動することがあるが、各年度時点の繋養地を集計。
3. 2歳のサイアーランキングは上位40頭を集計、2000年のみ上位30頭。

資料）日本軽種馬協会『軽種馬生産統計』『軽種馬生産情報』『JBBA NEWS』各年、各号より作成。

ト四は一九％（一九八四年）、二八％（八九年）、五三％（九四年）、六四％（九七年）、五八％（二〇〇〇年）と、その占有率を年々高める傾向にあります。二〇〇〇年の社台スタリオンステシーョンの繋養馬は、一スタリオンで四〇％近く、二歳の五〇％近くの賞金を獲得するようになったのです。

巻末表8に、シンジケートの事務局別にみた種牡馬の取扱状況を示しています。少し古いデータですが、我慢してください（この表にあるCBサービスは二〇〇三年廃業）。シンジケートの事務局は競走馬商社の事業の一部です。競走馬商社には、トップブリーダー系のつくったものと、地域の大手・中小牧場が出資加入して設立したものがあります。トップブリーダー系の競走馬商社には、社台牧場系列のサラブレットブリーダーズクラブと早田牧場のCBサービスがありましたし、地域大手・中小牧場の出資加入したものには、ジャパンレースホースエージェンシー、ジェイエス、レックスなどがあります。

競走馬商社の主業務は種牡馬事業であり、シンジケートの導入・流通・斡旋、事務局、種牡馬の管理・運営をします。しかし種牡馬事業だけでなく、ノミネーションセール、繁殖牝馬セール、クラブ法人との連携、共有馬主の斡旋、観光事業、競走馬グッズの制作・販売、競走馬保険代理など競走馬にかかわる多様な事業を行っています。

種牡馬事業は競走馬生産において、もっとも利益の高い事業です。しかし同時に、それだけリスクをともなうものであり、導入の際の高額な資金は、種牡馬の成功がなければ償還できません。シンジケートも競走馬商社を設立することや、そのリスクを共同で補完しあうことも目的としているといってよいでしょう。

図4-6　スタリオンには多くの種牡馬が繋養されている

第5部

育成のはなし

第44話　育成とは何か

これから六話にわたり、競走馬の育成、とくに産地育成についてみていきます。

「育成」とは、生産された仔馬を競走馬として教育・訓練することの全過程をいいます。育成のステージ（段階）については次話で詳しく述べます。育成の他に「調教」という概念があります。育成と調教とのあいだに厳密な区分があるわけではないのですが、とりあえず、大まかに競走馬としての訓練の前半段階を育成、後半段階を調教としましょう。その育成も、馬産地で行うものと、トレセン*・競馬場やトレセン周辺育成牧場で行うものとがあります。

産地育成は、この数年で大きく変化しました。近年、国際化の影響や二歳トレーニングセール（競走馬としての基礎訓練をすませた二歳馬市場）の開始により、産地育成が強く求められるようになったからです。日高地方では一九九三年、浦河町・西舎に軽種馬育成調教センター（BTC）が生まれてから産地育成の構造は大きく変わりました。そして、産地とトレセン周辺、産地内での役割分化・分業化は進み、育成・調教施設の高度化、協業化も進みました。

日本の育成・調教は、長いあいだ、国際的にみても遅れた分野であるといわれてきました。競馬先進国における競走馬の育成は、広大な放牧地で基礎体力をつけたうえで行い、長い歴史のなかで理論や技術が確立されてきたといわれています。そして何よりも日本と欧米の違いは、育成に対する考え方でした。日本の伝統的な馬の育成方法は、どちらかというと「馬を御する」＝人間が

表 5 - 1　日高軽種馬育成調教センターの施設内容

	施設	規模	特徴
馬場	グラス馬場 A	105 ha	騎乗者と馬の一体感
	グラス馬場 B	15 ha	下肢部の関節、筋脚の柔軟性
	坂道グラス馬場	40 ha	力強い推進力を養成
	直線砂馬場	(1200m × 10m、1600m × 10m)	心肺機能、スピードトレーニング
	屋内直線馬場（ウッドチップ）	(1000m × 14m、往路復路各 7m)	直進性、スピードトレーニング
	屋内トラック馬場（砂）	600m × 8m	心肺機能、バランス、柔軟性
	逍遥クロスカントリー馬場（砂）	280 ha	バランス、鎮静運動、精神のリフレッシュ
	楕円馬場（砂）	155m × 80m	馬体左右の柔軟性、悪癖矯正
	丸馬場（ウッドチップ）	直径 15m、4 面	ブレーキング、悪癖矯正
	トラック砂馬場	800m × 15m	
	坂道直線芝馬場	1000m × 10m	
	角馬場（砂）	8 ha	
	グラス馬場	−	
建物	厩舎群（南）	6 棟× 12 馬房	
	厩舎群（北）	3 棟× 12 馬房	
	厩舎群（南）	6 棟× 6 居室	
	厩舎群（北）	3 棟× 6 居室	
	軽種馬診療所	1 棟	
	係員詰所（南）	1 棟	
	作業員詰所（北）	1 棟	
	農機具庫	1 棟	

注）使用料金は、馬場 600 円 /1 頭 1 日、馬房 1500 円 /1 頭 1 日、宿泊施設 1300 円 /1 室 1 泊。

資料）日高軽種馬育成調教センター資料より作成。

図５-１　BTC全景

馬を支配し、「人のいうことを聞かせる」ことにあったようです。これに対し欧米のそれは「馬と人はパートナー」であり、馬の生理・生態に合わせた、または馬の精神状態を理解した育成にありました。その欧米の育成・調教の考え方や技術を知らしめ、日本の関係者に衝撃を与えたのは、一九八一年、日本初の国際招待レースであるジャパンカップでした。ジャパンカップでは、とくに日本と諸外国との「馬と人とのコミュニケーション」の違いが明らかになりました。さらに、近年は牧場の後継者が海外に研修に出かけ、競馬先進国の育成技術・思想を学び、帰ってきてからそれを普及するようになり、日本の育成技術は飛躍的な発展を遂げるようになってきたのです。

しかし今日においてなお日本の育成・調教は、育成施設や技術の格差も大きく、騎乗技術者、育成技術の指導者が不足しているなど多くの課題を残しています。

＊トレセンとはトレーニングセンターの略で、競馬場厩舎の集中的調教管理センターをいう。中央競馬では、関東は茨城県美浦村、関西は滋賀県栗東市にある。地方競馬では、トレセンのあるところと、トレセンがなく競馬場で直接に調教・管理するところとがある。

第45話　育成のステージ

人間が生まれると同時に社会的に教育されるように、競走馬も生まれると同時に競走馬としての教育・訓練を受けます。競走馬は、生まれたときから「競馬場で走る」ことが運命づけられています。競走馬の生産という概念のなかには、育成の内容がすでに入っているのです。しかし、人間が一定の年齢に達してから学校教育を受け、児童・生徒としてそれまでの幼児（教育）とは区別されるように、競走馬も年齢・成熟度によって教育・訓練の過程は異なります。

育成の段階を私は次のように整理しました*。

○初期育成――生産から離乳（当歳一〇月）まで（人間でいう育児の段階）
○中期育成――離乳から騎乗馴致を始める（一歳秋）まで（幼児教育・初等教育）
○後期育成――騎乗馴致から初期調教（二歳夏～秋）まで
　後期育成前段――騎乗馴致・騎乗訓練中心（中等教育）
　後期育成後段――追いきり・初期調教（高等教育、職業教育）

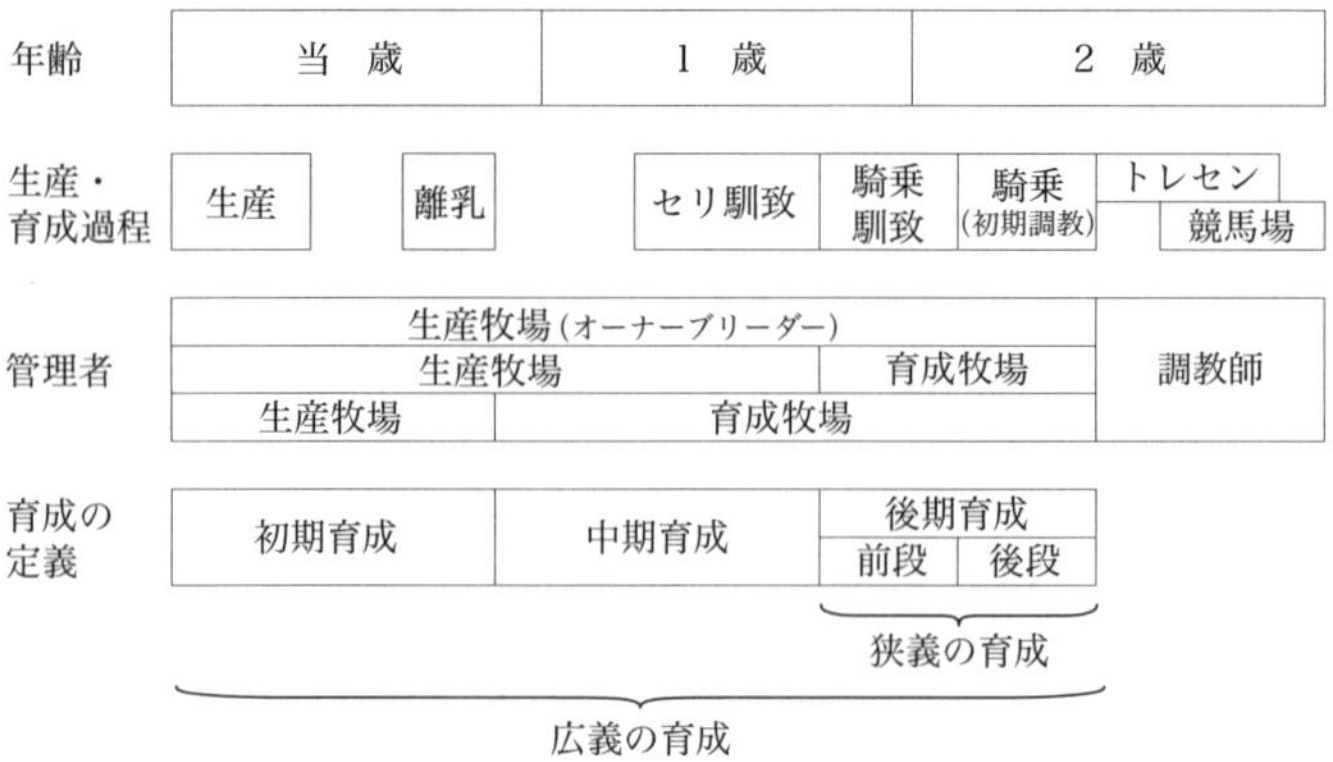

図５-２　競走馬の育成

図５-２にありますように、初期～後期を「広義の育成」、後期育成のみを「狭義の育成」ということもできます。一九七〇年代ごろまでの日本では、「生産牧場は生産すればよい」と生産者段階での育成の認識はあまりありませんでした（「狭義の育成」のみが育成の認識）。しかし、この段階での育成は生産牧場の大切な役割です。人間の育児でも「母と子のスキンシップ」が大切なように、生産段階での「人と馬とのコミュニケーション」は競走馬として育つうえでもっとも大切な要素です。したがって、離乳までの若駒には放牧を中心とした基礎体力の強化とともに、「人と接すること」「人をこわがらない」教育が必要なのです。

中期育成の期間は通常、生産牧場が管理しています。しかし近年、離乳後から育成牧場で育てられる例も増えてきました（モデル事業で補助金も出る）。中期育成の基本は、初期育成と同様、基礎体力の養成と「人と接すること」です。近年、大牧場中心にこの時期に昼夜放牧が行われるようになりましたが、広大な草地と施設（ネット）や技術が必要なため、小規模生産者への普及はまだまだです。また、近年になって一歳春〜秋にはセリ馴致（駐立、挙肢、常歩、速歩）も行われるようになってきました。

後期育成の段階を管理するのは育成牧場（オーナーブリーダーやクラブ法人の場合は牧場の育成部門）です。後期育成の前段は二歳の三月ころまでで、騎乗馴致（ハミやゼッケンの装着、調馬索での訓練）と速歩が中心です。後期育成の後段は二歳の四月ころからで、追いきりが始まり、初期調教（新馬調教）をする段階です。この前段と後段は時期・内容上の区分は難しく、育成牧場により育成・調教のメニューはかなり異なります。かつて産地育成といえば後期育成の前段までで、後段はトレセン周辺の育成牧場で行われていましたが、今日では大牧場の育成施設やＢＴＣを中心に、産地でも行われるようになりました。第66話でお話しする道営競馬の認定厩舎制度が可能になったのは、産地育成の高度化が図られたからです。産地育成の高度化にともない、トレセン・競馬場周辺での育成はさらに高度化し、現在では「外厩的役割」（競馬場・トレセンの補完、入厩したら即戦力になるまで調教）を果たすようになってきたのです。トレセン・競馬場（周辺の育成牧場を含む）に入厩してからは通常、「調教」と呼んでいます。

＊初期育成、中期育成、後期育成という表現は、私の造語であったが、今日では競馬サークルのなかに定着しているようである。岩崎徹「産駒の育成と軽種馬生産経営」（軽種馬生産経済問題検討委員会編『軽種馬生産の経済』日本中央競馬会、一九九一年、一六〇頁）参照。

第46話　昔の育成と今の育成

私は馬産地に長年通っていますが、育成（理論・技術・施設）の変化には目を見張るものがあります。それは産地育成の高度化と分業化の過程であるといえます。この過程を中央競馬の変化を念頭においてみていきます。

（１）一九六〇年代まで

一九六〇年代までは、産駒は一歳秋に生産牧場からほぼそのまま競馬場に移動していました。厩舎事情も今日のように逼迫しておらず、一歳秋ないし二歳春には競馬場に入り（入厩）、調教師のもとに育成・馴致・調教が行われていたのです。小生産者は、ただ「生産」さえすればよく、「育成」をするという観念はほとんどなかったと思われます。産地には育成牧場の数も少なく施設も十分でなかったうえ、育成技術も備わっていませんでした。ただし、一部の大牧場（おもにオーナーブリーダー）では、そのころから専門の育成牧場をもち、産地あるいは府県の分場で育成していました。

（２）一九七〇年代後半

一九七〇年代後半になると産地育成（専門）牧場が生まれ、中央競馬ではトレセンが開設（栗東―一九六九年、美浦―一九七八年）され、育成システムもかなり充実するようになりました。このころになると、生産牧場から直接トレセン・競馬場に行く流れと、育成牧場（産地、トレセン周辺）を経由してトレセン・競馬場に行く流れとができました。

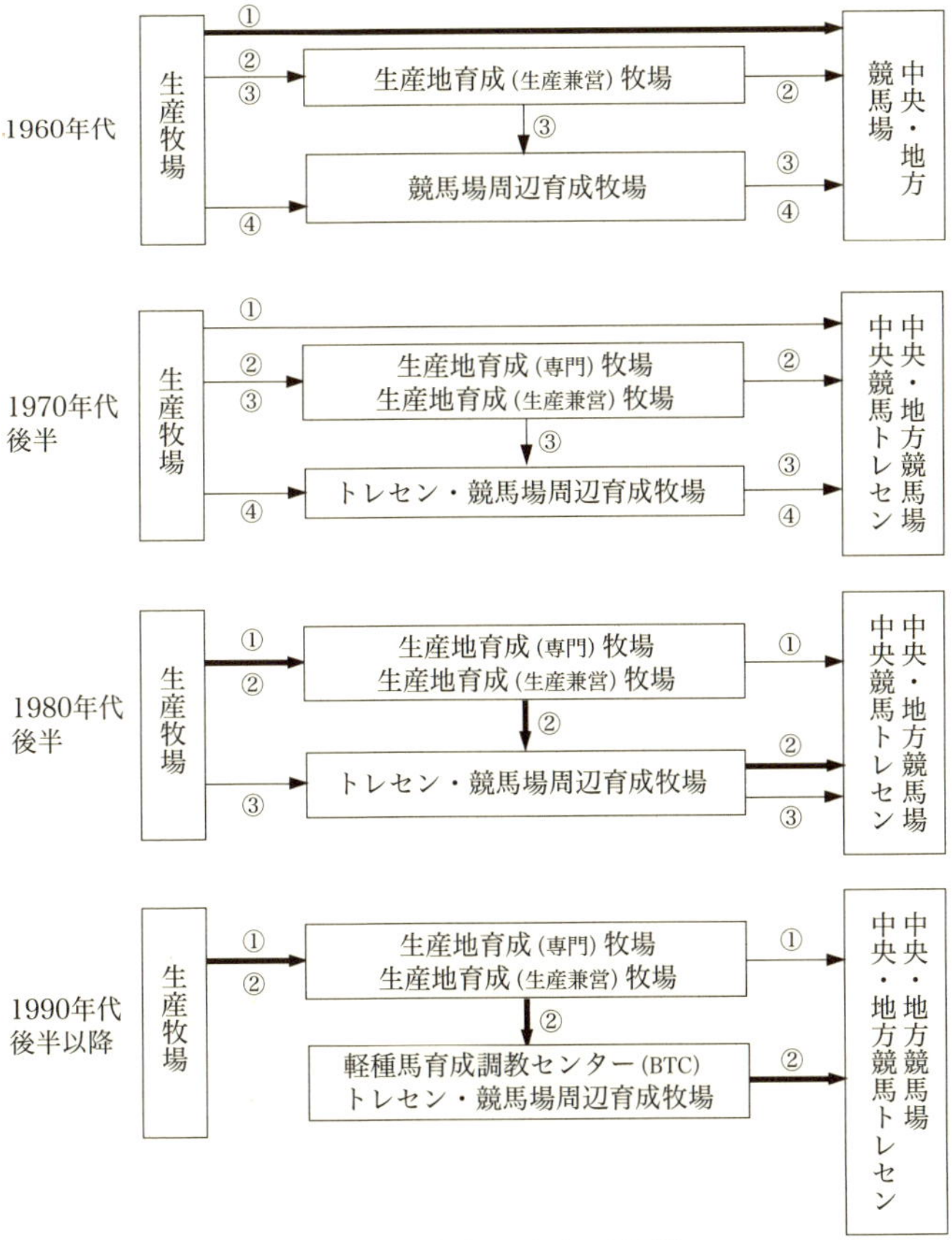

図 5 - 3　育成馬のおもな入厩経路

注）➡は主要な入厩経路、→は副次的な入厩経路。
1970 年代後半は 4 つの経路がほぼ同じ割合であることを示す。

（3）一九八〇年代後半

一九八〇年代後半になると、生産牧場から直接、トレセン・競馬場に行くことはなくなり、育成牧場でかなり長いあいだ育成・調教されてから、トレセン・競馬場に行くようになりました。しかも、産地育成牧場とトレセン周辺育成牧場との機能分化が行われるようになったため、一部の良血馬は生産牧場→産地育成→トレセン周辺育成牧場→トレセン・競馬場という流れを経るようになりました。育成の協業化も進みました。一九八七年から九〇年にかけて、JRAの助成を基に、「軽種馬共同育成モデル施設整備助成事業」が進められ、全国一八カ所（日高地方は一七カ所）に育成センターが設置されました。この時期に、産地育成の役割はとくに大きくなったといってよいでしょう。

（4）一九九〇年代後半以降

一九九三年には、浦河町にJRAが日高育成総合施設軽種馬育成調教場を建設しました。この施設の管理は、JRAからの委託を受けて、財団法人・軽種馬育成調教センター（BTC）が行うものです。この施設では、屋内施設を始め、調教の目的に応じターフ、サンド、ウッドチップ、坂路などのコースを利用することにより、競走馬の基礎体力、関節強化、筋腱の柔軟性、心肺機能、スピードトレーニング、馬体バランスなど競走馬の資質向上に必要なあらゆるプログラムによって調教育成の効果を高めることができるようになりました。施設の利用は滞在馬（滞在三カ月の利用が限度）と日帰り馬のタイプに分けられますが、BTCの利用を前提とした育成牧場も生まれ、BTC利用は年々拡充しています。共同育成施設の設置やBTCの利用拡大とともに、一般の育成牧場の技術や施設も高度化しました。また、一部の牧場とはいえ、初期・中期育成段階の昼夜放牧が取り入れられ、屋内運動・調教施設や坂路の導入、トレッドミル、ウォータートレッドミル、ウォーキングマシーン等の機械・施設の導入も始まりました。一九九〇年代後半にはトレーニングセールが始められましたが、それは、以上にみた産地育成・調教施設の拡充と技術の向上によってなしえたものです。この時期になると、生産牧場→産地育成（後期育成前段）→産地・トレセン周辺育成牧場（後期育成後段）→トレセン・競馬場という流れ（前段と後段は同一の牧場の場合あり）が支配的になり、育成・調教の分業化は進み、トレセン周辺育成牧場は完全に「外厩的性格」をもつようになりました。

第47話　育成牧場の経営タイプ

育成牧場にも経営内容によっていろいろなタイプがあります。

育成牧場の経営タイプは、生産とのかかわりで次の三つに分けられます。

（1）自家生産・自家育成型

オーナーブリーダーが、生産から出走まで一貫して行う、つまり前話の図に書いた「広義の育成」の全過程を行う経営タイプです。

育成・調教は、基本的には自家生産馬のみに行います。通常は、生産部門と育成・調教部門に分けられますし、大牧場になると育成支場・分場をもっている場合もあります（北海道に生産牧場、府県

図５-４　無人で馬の引き運動を行うウォーキングマシーン

に育成牧場という例もあります）。クラブ法人のなかには、生産から出走まで一貫して行うものもありますが、この場合は実質的にマーケットブリーダー（所有権はクラブ法人）である点がオーナーブリーダーとは異なります。

（２）生産兼営型

もともとは生産専業だった牧場が育成部門をも経営するタイプです。このタイプは自家生産馬だけでなく、通常、預託育成（他人の馬を預かって育成する）を行います。したがって、自家生産馬の比重が高いか、預託馬の比重が高いかで性格が異なり、自家生産馬が多い場合は（１）のタイプに近くなり（とくに競走馬を自分で走らせる場合）、預託馬が多い場合は次の（３）のタイプに近くなります。共同育成施設のある牧場はこの生産兼営タイプが多いといえます。

（３）受託専業型

生産部門はまったくなく、馬主（または生産者）から預託された馬を専門的に育成する経営タイプです。かつては、府県やトレセン周辺牧場にこの経営タイプが多かったのですが、産地にもこのタイプが増えてきました。初期調教はもちろん、かなりハードな追いきりまで行う牧場が多く、そのため高度の施設や馬場をもち、高い技術者を雇用している牧場が多くなりました。日高・浦河町の、軽種馬育成調教センター（ＢＴＣ）周辺の育成牧場は、ほとんどがこのタイプです。ＢＴＣの周辺には、草地・施設をもたないで（したがって牧場とはいえない）育成業を営む育成業者も出現しています。

なお、近年、二歳トレーニングセール（第58話）の定着により、アメリカにあるピンフッカー的な役割をする牧場があらわれてきました。ピンフッカーとは「一歳で購入した馬を育成・調教して二歳で売却し利益を得るビジネス」ですが、高度な育成技術と施設なしには行えません。ＢＴＣを利用した受託専業型の育成牧場がその役割を担うようになったのです。

第48話　育成牧場の地域とその特質

今回は、育成牧場の地域的特質をみていきます。

育成牧場は北海道、東北、関東、関西、九州などに分布しています。全国に育成牧場数は二二六ありますが（一九九七年現在、その後の調査はないので我慢してください）*、その地域割合は、日高が四九％、胆振・十勝を含めた北海道が五四％を占めます。それぞれ地域の育成牧場の位置づけや役割はその地域の生産構造とともにかなり異なります。北海道、東北、九州は産地育成の性格が強く中期育成も行っていますが、関東、関西は後期育成中心で調教の性格が強いのです。第12話と重なるところがありますが、育成牧場の地域的特質を整理しておきましょう（巻末表９）。

○北海道・日高地方――かつて日高地方はほとんどの牧場が生産牧場だったのですが、今日では大規模牧場のみならず、中規模以上の牧場でも育成部門をもち、育成専門牧場もできてきました。一九九三年、浦河にＢＴＣができてから、産地育成の性格も変化し高度化しました。そのため、ＢＴＣの利用を前提とした新たな育成牧場や育成部門を取り入れる経営（育成業者もあり）があり、コンサイナー（販売者に代わってセリのための馴致と宣伝を行う）の役割を果たす牧場が出現するようになったのです。サラブレッドの生産頭数は今後減ることが予想され、地域全体として育成部門を拡充する動きにあります。

○北海道・胆振地方――日高と地続きの胆振東部に育成牧場があります。社台グループを始め名門大牧場があり、高度な育成施設をもつ育成分場・支場も多くなっています。

○東北地方――青森、宮城、福島といった太平洋側の県に牧場がありますが、育成牧場（育成部門）を抱えるのは一部大規模牧場だけです。宮城県には、社台グループの山元トレセンがあります。

○関東地方――千葉、栃木、茨城に生産牧場がありますが、生産地域としての位置づけは低くなり、代わりに育成地域としての比重が増しています。中央競馬の美浦トレセンに近いため、競馬場の「外厩的性格」（競馬場・トレセンの補完、即戦力になるまで調教）をもつようになってきました。

○関西地方――関西地方には競走馬の生産牧場はなく、高度な施設・技術をもつ育成専業牧場のみが存在します。「外厩的性格」の牧場は、滋賀県栗東市を中心に、三重県、京都府、奈良県に点在しています。
○九州地方――生産は、今日では鹿児島、宮崎、熊本の南九州各県に限られています。一部に大規模牧場があり、育成部門を抱えます。暖地の利点を生かした育成、海辺の砂浜を利用したユニークな育成・調教を行っています。

＊「競走馬育成協会北海道支部　会員名簿」（二〇〇五年二月一五日現在）によると、北海道では協会会員は八八名、地域内訳は十勝一（大樹町）、胆振六（鵡川町二、早来町二、千歳市一、洞爺村一）、日高八一（えりも町一、様似町二、浦河町二八、三石町五、静内町一五、新冠町一一、門別町一七、平取町二）となっている。調査方法は異なるが、一九九七年調査の北海道育成施設は一二三であった。

第49話　産地育成の今後の課題

日本の育成牧場は、数のうえではほぼ充足し、設備等も整いつつありますが、総体として個々人の技術力は競馬先進国と比較してもまだまだ未熟で、多くの課題を残しているようです。しかも、牧場によってかなりのバラツキがあるようです。日々の調教においても、馬のウォーミングアップからクールダウンまで、また日常の飼養管理においても個々の作業手順や作業方法にはまだまだ先進国に見習う部分が多いように思われます。また、騎乗指導者不足も課題です。つまり、日本の産

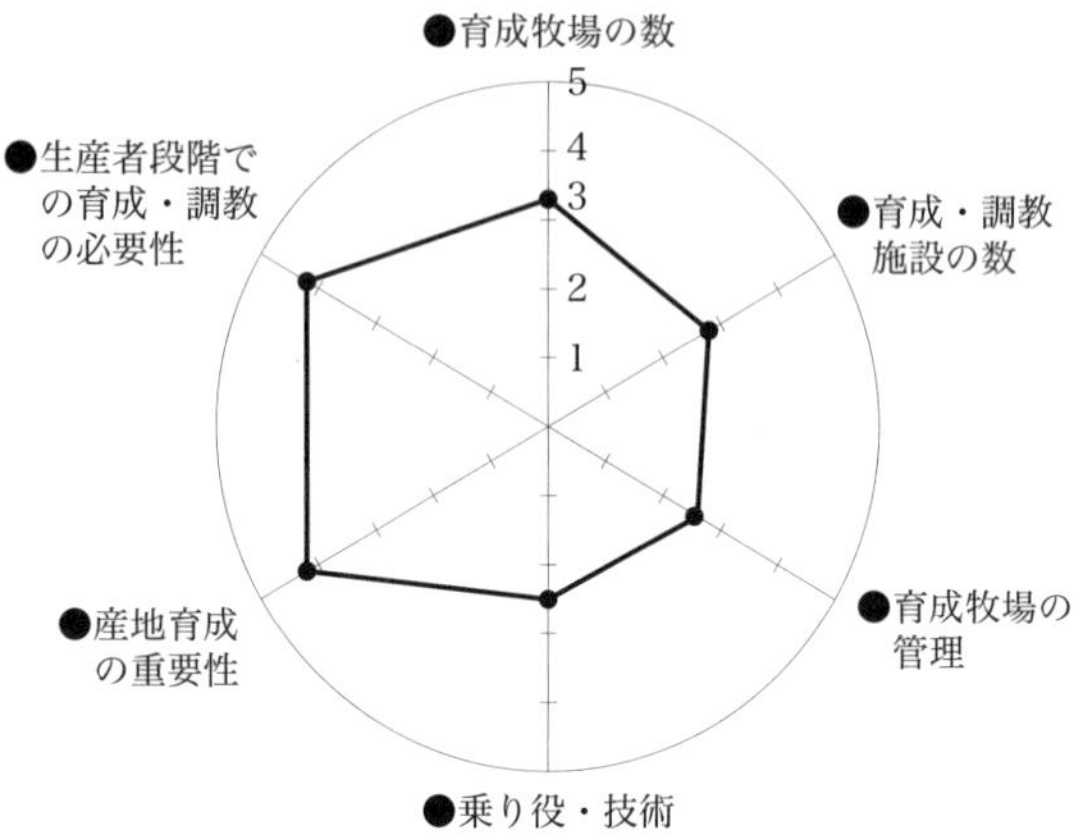

図５-５　産地育成の到達点

地育成は「量から質」への転換が必要になった段階といえるでしょう。さらに怪我・事故絶滅の課題もあります。

騎乗者の質、つまり騎乗技術については産地育成に欠かせないのが外国人です。外国人騎乗者は、とくにＢＴＣが稼動するようになった一九九〇年代後半になって急増しました。外国人が日高地方の育成技術に果たした役割には大きなものがあります。しかし、外国人労働者には、言葉や習慣の違い、労働期間の問題、入国審査等の問題を抱えています。

育成・調教で忘れてならないのが、育成・調教中の怪我や事故です。日高管内の労働災害の圧倒的多くが、育成・調教施設での災害です。牧場や関係者の努力で少しは減りつつありますが、関係者の注意と災害予防は欠かせない課題です。

育成牧場での施設設備も整いつつありますが、牧場によって格差があるようです。今後拡充すべき施設としては、馬場改良、屋外坂路、屋内坂路、屋内角馬場、屋内丸馬場など多くの施設があげられます。

次は一九九九年に行った日高支庁アンケート（競走馬牧場全戸調査）の結果です。「生産者段階での育成・調教の必要性」は、「とても必要」「やや必要」「どちらでもよい」「あまり必要ない」「必要でない」の順になっていました。そして、「とても必要」という経営は、Ⅰ類型（企業経営）で最も多く、Ⅳ類型（家族複合・高齢経営）で少なく、見事な階層性をなしています。大規模牧場ほど、国際化による競走馬経営の厳しい状況を感じており、その対応策としての育成や産地育成強化の必要性を切実に考えているからでしょう。

さらに、産地育成の問題点を五段階評価で点数化（たとえば、育成牧場の数なら、かなり不足―一点、やや不足―二点、適正―三点、やや過剰―四点、過剰―五点）し、レーダーチャートにしたものです（図5-5）。これによると、つぎのようなことが読みとれます。「育成牧場の数はかなりそろったが、育成・調教の施設はまたまだ充実せず、管理や乗り役の技術水準はまだ低く、これから生産者段階の育成と産地育成はますます重要になってくる」。

以上のことは、生産者の育成に対する認識であり、ほぼそのまま今日における育成問題の課題の指摘ともなっています。

第6部
競走馬の取引

第50話　競走馬取引のしくみ

みなさんは、日本競走馬協会の市場（通称、社台のセレクトセール）でサンデーサイレンスやその後継馬の産駒が一億円単位で取引されてきたのはご存知ですよね。しかし、一億円単位の馬はごくごく少数で、大多数の馬は生産費も償えない低価格で取引され、または売れ残っているのです。これから、一二話にわたって競走馬の取引についてのお話をします。

競走馬の取引には庭先取引（相対での話し合い取引）と市場（セリ）取引があります。また、競走馬の取引には、産駒取引（当歳、一歳、二歳）のほかに、種牡馬や繁殖牝馬、現役の競走馬の取引も含まれます。種牡馬の取引は「サラブレッドビジネス」を形成しますが、国際的なスケールの話になります。繁殖セールについてはこの本の第36話で述べましたし、現役馬の取引は近年トレーディングセールとして北海道地方競馬の馬で行われるようになりました。ここでは、競馬場・トレセンに入る前の産駒の取引について述べることにしましょう。

みなさんは不思議に思うかもしれないのですが、産駒取引は今でも庭先取引のほうが多いのです。セリ市場出場馬は、ようやく生産馬の四割前後を占めるようになりましたが、実際に売れる馬は一割強にしかならないのです。

たしかに近年、競走馬の新しいセリ市場が次々に開設され注目されてきましたが、いまでも庭先取引が主流です。

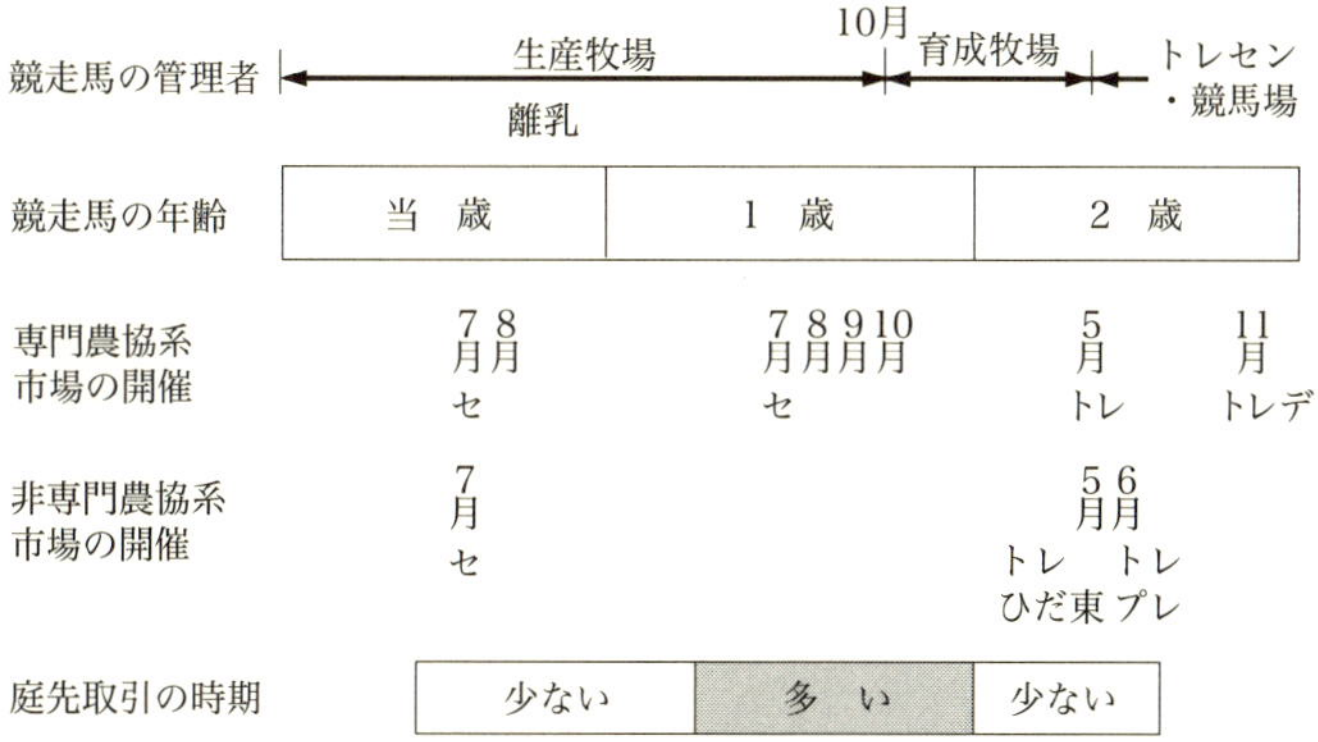

図6-1　競走馬の育成段階と取引時期（2004年サラ系・北海道の場合）

注）専門農協系市場7月当歳、1歳はセレクションセール、非専門農協系市場7月は日本競走馬協会のセレクトセール、トレはトレーニングセール、トレデはホッカイドウトレーディングセール、ひだ東はJAひだか東、プレは（株）プレミアの略。

競走馬の成育段階と取引の時期については図6-1に示しました。競走馬は明け二歳の誕生日がきてから出走できます。育成・馴致を開始するのは、化骨（骨組織の形成）が固まり、馬体も完成されてくる一歳の晩夏〜秋です。そして、このころから将来の予測もある程度可能になるといわれています。通常、春〜夏には血統のよい当歳、一歳馬の庭先取引が多く、夏〜秋に市場があり、市場が終わった秋以降（一〇月後半〜一二月）は、おもに地方競馬向けの庭先取引が活発になります。この後、一部に二歳トレーニングセールに行く馬もいます。日本の場合は「血統神話」が顕著であり、血統のよい産駒の販売価格は早いほど高く売れる傾向にあるので当歳取引・市場が脚光を浴びていますが、全体からすると取引数はわずかです。

第51話　庭先取引と市場取引の割合

産駒の多くは庭先取引であると述べました。では、産駒取引において庭先とセリ市場との比率はどれくらいなのでしょうか。一九九〇年以降の生産頭数に対する出場率は、九五年産駒までは二〇%を割っていましたが市場改革の九七年より上昇し、二〇〇〇年には四三%になりました。また、生産頭数に対する売却率はバブル経済が終わった九〇年以降は低迷し，いずれも一〇%を切っていましたが、九七年以降急上昇し九九年には一六%になりました。近年、セリ市場出場率は高くなっていますす。売却率は九九年にピークになりますが、その後はまた停滞しています（表6－1）。

今日では、大雑把にみて生産馬の四〇%前後がセリ市場に出場し、一〇%台が売却されています。右の数値は生産馬に対する比率です。生産馬のなかには、生産者が自分で走らせる馬（オーナーブリーデング）や、病気・事故馬や競馬場に行かないで繁殖になる牝馬がいます。これらの馬はセリ市場に出ないとみてよいでしょう。

巻末の図1（第19話）は、一九九六年産の登録頭数のなかに含まれるオーナーブリーデングの産駒や、事故・病気・けが、仕向け変更等の産駒を推計し、生産から競馬場（登録）までの流れをあらわしたモデルです。これをみると、第三者販売（市場出場可能な馬）は生産頭数の六九%と約三分の二であり、第三者販売のうち市場出場馬の比率は五四%、売却馬は二二%でした。同じ計算式〈第三者販売を六九%とすると〉で二〇〇一年の数値をあてはめると、市場出場率五八%、売却率一七%となり

表6-1　サラ系の生産馬に対する市場出場率、売却率の推移

生産年	生産頭数	市場合計			生産馬に対する売却頭数比率
		市場出場頭数	売却頭数	市場出場頭数率	
1990	9319	1639	653	17.6	7.0
1991	10054	1925	527	19.1	5.2
1992	10407	1882	490	18.1	4.7
1993	10188	1928	484	18.9	4.8
1994	9987	1721	479	17.2	4.8
1995	9212	1774	576	19.3	6.3
1996	9045	1980	636	21.9	7.0
1997	8668	2233	926	25.8	10.7
1998	8493	3031	1269	35.7	14.9
1999	8527	3473	1391	40.7	16.3
2000	8624	3672	1286	42.6	14.9
2001	8807	3478	1048	39.5	11.9
2002	8750	3186	1037	36.4	11.9

注）市場合計は生産年に対する当歳、1、2歳市場の合計である。
資料）前掲『軽種馬統計』『JBBA NEWS』より作成。

ます。つまり、第三者販売のうち、セリ市場に出場する馬は過半数になったけれど、売却馬は二割未満と少なく、セリで売れない馬も多いのが近年の特徴ということになります。

セリ市場で売れ残った馬は、二束三文の値段で庭先で引き取られるか、自分で競走馬として走らせるか、仕向け変更にするか、繁殖牝馬にするかしかないのです（二歳トレーニング市場に行く馬はごくわずか）。

第52話　庭先が中心になったのはなぜか？

日本の産駒取引は、近年になってセリ市場が注目されるようになりましたが、一〇年前までは圧倒的に（しかも高い馬ほど）庭先取引でした。では、なぜそうなっていたのでしょうか。日本の馬産の地理的環境、生産者、馬主のそれぞれの側から考察しましょう。

（1）日本馬産の地理的、歴史的環境

まずみなさんに知っていただきたいのは、日本の馬産は地理的、歴史的環境において、欧米の競馬先進国（アメリカ・イギリス・オーストラリアなど）とは大きく異なるということです。欧米では、日本のように農民だった生産者が競走馬生産に転換したという例はまれで、始めから競走馬を生産するために資本投下され、設計された広大な規模の牧場が多いのです。もちろん日本のような家族経営もあるのですが、そういったところでも放牧地は日本の一般的な牧場よりも、はるかに大規模なのです。

大規模な牧場が点在する欧米では、馬を買いに行こうと思っても、牧場を転々とみて歩くことはまず不可能でしょう。オーストラリアの牧場では広大な放牧地で馬は昼夜放牧されているため、日本のようにバイヤーが「馬をみせてくれ」と頼んでも「放牧地のどこに馬の群れがいるかわからないので無理です。二カ月後のセリに上場するのでそこでみてくれませんか」といわれてしまいます。したがって、競馬先進国では馬はセリ売買が多くなります。ところが日本の牧場はおもに北海道（胆振、日高）に集中して存在しており、レンタカーを借りて三日間もあれば、かなりの数の牧場と馬を見て歩くことが可能です。そのため、自然と馬の取引はセリではなく、庭先での取引が可能なのです。

（2）生産者の側

日本の生産者の経営基盤は脆弱です。競走馬は生産リスク、経営リスクは高く、資本回転は長く、経営には多額の資金が必要ですが、その多くを借入金に依存せざるをえません。生産者は、セリ市場で確実に販売されるという保証があればともかく、早く売手のメドがつき、資金繰りのつく庭先取引に委ねるようになります。さらにまた、少なくなったとはいえ競走馬における仔分制度の存在があります。仔分馬は多くの場合セリ市場に出ません。

（3）馬主の側

日本の馬主の所有頭数は平均すると二頭強であり、零細です。通常の馬主は、（とくに馬主になりたてのころは）生産者や産地との繋がり、ネットワークをもっていません。したがって、馬主が産駒を購入するときは、何らかの形で仲介者や代理人を頼むことになります。仲介者・代理人は、通常、調教師、家畜商、ベテランの馬主、有力な生産者が担うことになります。とりわけ調教師は、現在の厩舎制度の下では厩舎枠が独占的に与えられ、競走馬を入厩＝出走させる絶対的な権限をもっています。調教師が直接に取引することは取り決めによって禁じられていますが、調教師が介在した馬でないと入厩させてもらいにくいという話もあります。ここに、調教師を頂点とした取引をめぐる強固な人間関係ができあがってきました。

このように、生産の地理的特殊性、生産者、馬主の理由・事情によって、庭先中心の取引のしくみがつくられてきたのです。今後、市場振興の方向性如何によって、庭先取引を含めた流通のしくみは決まっていくでしょう。

第53話　庭先取引と市場取引の問題点

競走馬産駒の取引には、庭先取引と市場取引があることは前回までみてきましたが、それぞれの問題点をみておきましょう。

（1）庭先取引の問題点

庭先取引は、生産者と馬主との相対取引ですが、そこに仲介者や中間購買者あるいは代理人等の複雑で不透明な人間関係が入り込んでいます。これが庭先取引をめぐる最大の問題でしょう。しかもこの中間の人間関係に対して、通常の商慣行をはるかに超えた接待費が使われ、多額の手数料の支払いが強いられているのです。馬主が代理人に六〇〇〇万円を払って購買を依頼しても、複数の仲介業者を経るたびにマージンが抜かれ、実際生産者が手にしたのは三五〇〇万円！といった話も珍しくないのです。さらに庭先取引の場合、多くが口頭契約でしかも契約内容は曖昧です。中央競馬の場合、入厩に際し売買契約書を添付することが義務づけられているので、文書契約は形の上では増えていますが、契約の内容が実態と異なる場合もあります。取引契約がなされた場合でも、代金が即時・一括に支払われるわけではなく、産駒が生産牧場をすぐ退厩するわけでもないのです。契約がしっかりしていないから代金の支払をめぐるトラブル（未払い、遅延、減額）は多く、また契約から生産牧場退厩までの期間、さらには引き渡しが完了した後まで目的に適合しなかったことを理由にクレームが出される（代馬や減額の要求）こともあるのです。近年は不況で圧倒的な買い手市場となり、この種のクレームで一方的に生産者が泣き寝入りするケースは増えています。また、生産者も馬主との交渉や商談、情報交換などを頻繁に行うのは苦手とするタイプの牧歌的で朴訥な人柄の経営者が多く、馬主との意思疎通が十分に行われない点から発する問題等も多く発生しています。しかしなんといっても、庭先取引の最大の問題は「不透明な流通経路」にあります。あまりの不透明さから、若手馬主や若手調教師のなかにも、庭先取引は「不透明」であり「自由」に産駒を購買できない、と批判する者も少なからずいるのです。

（2）市場取引の問題点

庭先取引の弊害をなくし、公平・公正な取引をすべく、関係機関は市場振興に尽くしてきました。しかし、市場取引に問題がないわけではありません。前述したように、需要のある良質馬からどんどん庭先で取引され、セリに上場されるのは牧場の売れ残りといったケースもあり、かつてはセリに買いにいっても「欲しい馬がいない」といったこともあったようです。近年はだいぶ改まり、良質馬も上場されるようになりましたが、なんといっても多くの馬が「売れ残る」のです。また、㊥

図６-２　セリ前の屋外展示場風景

特典市（市場取引馬奨励賞が馬主に交付される）を得るため、また㊢特典義務を果たすための不正（庭先取引済馬の市場上場、売却）が少なからず存在するといわれています。このほか、家畜商の市場直前・直後の取引（家畜商法により禁止）や家畜商同士の談合もあり、セリ本来の姿になっていない面があり、さらに市場取引においてすら取引後のクレームや（無料預託期間後の）トラブルなどもあります。

また、欧米の競馬先進国と比べてもセリ自体の制度、規定、運用が十分に発達しておらず未熟であることも、市場取引の問題点として指摘すべき点であると思われます。また、ここ二～三年で馬主の需要は「血統、馬体のいい馬は高くても早い時期に欲しい」「安い馬は年末まで見送ってもっと安く欲しい」と二極化しており、セリで売れ残り続けてしまった馬は、二束三文にしかならないといった価格形成も市場取引の問題点といえます。

これからも当分、庭先と市場とが並存するのでしょうが、全体としてセリ市場取引を増やし、売り残しを減らすなかで、庭先、セリ市場の双方の問題点を克服していく方向が必要でしょう。

第54話　家畜商のはなし

競走馬の取引では、家畜商が重要な役割を果たしています。産駒取引の圧倒的多くが庭先取引ですが、この庭先取引での購買者、斡旋・仲介・紹介・代理人として家畜商がかかわっていますし、市場取引でも購買者・代理人としてかかわっています。

家畜商は、バクロウ（馬喰、博労、伯楽）さんとも呼ばれています。北海道弁で交換することを「バクル」といいますが、語源はこのバクロウのようです。

家畜商とは「免許を受けて、家畜の売買若しくは交換またはその斡旋（以下「家畜の取引」と総称する）の事業を営む者」のことで、家畜商法では「牛、馬、豚、めん羊及び山羊」の五種の家畜の「生体を購入する食肉販売業者及び食肉加工業者」は「家畜商の免許を必要とする」のです（家畜商法第二条）。

家畜商免許をもつためには、都道府県知事が毎年一回開催する講習会を受講し、三万円の供託金と書類等を都道府県に提出すればよいので、それほど難しいわけではありません（ちなみに私の馬研究仲間である古林英一北海学園大学教授も、家畜商免許をもっています）。家畜商登録を受けた人は「家畜商協同組合」に加入することが多いようですが、これは任意ですので加入しなくても問題はないよう

図6-3　佐藤伝二の伝記本

です。

　競走馬は生産から育成・調教、競走馬、現役引退後の仕向け変更（含肉用馬）という各ステージごとに所有者が変わる場合が多く、そのあいだにさまざまな取引が存在します。しかも、近年の国際化・情報化にともない、取引は複雑化、多様化しています。この取引に家畜商がかかわるのです。ですから、「おもに家畜商で生計を立てている人」のほかに、有力生産者、農協の職員、競走馬商社の職員も家畜商免許を取得している人がいます。その意味では、家畜商＝「おもに家畜商で生計を立てている人」と、家畜商機能＝「競走馬の移動にかかわる業務」とに分けたほうがよいのかもしれません。また、「おもに家畜商で生計を立てている人」も、自分で草地や施設をもち、生産・育成を営み、さまざまな競走馬関連事業を行っています。

　ピンフッカーや競走馬商社も種牡馬や繁殖牝馬導入の仲介をするわけで、現代的な意味で家畜商機能といえるでしょう。しかし、産地でバクロウさんとよばれる人たちは、中村和夫さん、渡辺典六さん、佐藤伝二さんら*に代表されるような、いずれも古くから活躍している人たちに限定されているようです。その人たちは、生産者の産駒を馬主に斡旋・仲介する、もしくは購入して馬主に売る、若駒の斡旋から調教師の手配、さらには中央から地方への紹介など、馬の移動にかかわるすべての局面にコーディネーター機能を果たしています。このような人々は先の「家畜商協同組合」には必ず入っているようです。そういう意味では、さまざまな産地・競馬界を結合するコーディネーター的機能を果たしてきたのがバクロウさんで、バクロウさんの果たしてきた機能を近代的専門的にやっているのがピンフッカーであり、商社であったりするといえます。

競走馬絡みで活動しているバクロウさんといえば、肉用馬のバクロウさんもいます。肉用馬のバクロウさんは、日高の産地にいて売買・媒介する人もいますし、府県から農用馬を求めに来て肥育に回す人もいます。

＊　瀬戸慎一郎氏はこの三人を「名馬喰ビッグスリー」と呼んでいる（瀬戸慎一郎『最後の馬喰佐藤伝二』KKベストセラーズ、二〇〇三年）。

第55話　セリ市場の種類

セリ市場の概況からみてみましょう。表6-2は二〇〇四年に開催された全国のセリ市場一覧です。四月二〇日開催の九州トレーニングセールを皮切りに、一一月一二日のホッカイドウトレーディングセールまでサラ系一八市場、アラ系二市場が開催されました。サラ系に限定すれば、このうち、当歳馬市場が四市場、一歳馬市場が八市場、二歳馬市場が六市場（含現役馬セール）となってい

表6-2　2004年開催市場一覧

品種	年齢	月　日	セリ名称	主　催	開催地
サラ	当歳	7.12～13	セレクトセール	日本競走馬協会	北海道
		7.19	北海道セレクションセール	日高軽種馬協会	北海道
		10.12	八戸市場	青森軽種馬生産農協	青森
		8.18～19	北海道オータムセール	日高軽種馬農協	北海道
サラ	1歳	5.31	九州1歳	鹿児島県軽種馬協会	鹿児島
		6.7	千葉サラブレッドセール	千葉県両総馬匹農協	千葉
		7.5	八戸	青森県軽種馬生産農協	青森
		7.20	北海道セレクションセール	日高軽種馬農協	北海道
		8.2～5	北海道サマーセール	日高軽種馬農協	北海道
		9.7	北海道セプテンバーセール	日高軽種馬農協	北海道
		10.12	八戸10月	青森県軽種馬生産農協	青森
		10.20～22	北海道オータムセール	日高軽種馬農協	北海道
サラ	2歳	4.20	九州トレーニングセール	鹿児島県軽種馬協会	鹿児島
		5.17	千葉サラブレッドセール	千葉県両総馬匹農協	千葉
		5.24	北海道トレーニングセール	日高軽種馬農協	北海道
		5.25	ひだかトレーニングセール	ひだか東農協	北海道
		6.28	プレミア2歳トレーニングセール	(株)プレミアセール	北海道
サラ	2歳現役馬	11.12	ホッカイドウトレーディングセール	日高軽種馬農協	北海道
アラ	1歳	9.8	北海道セプテンバーセール	日高軽種馬農協	北海道
		10.22	北海道オータムセール	日高軽種馬農協	北海道

注）アラ九州1歳市場は開催されず。
資料）前掲『軽種馬統計』2004年度版より作成。

ます。なお、この表では同じ日に別の品種・年齢の馬が取引される場合や、主催者が異なる場合は便宜上別の市場としています。

一九九六年以降、競走馬（とりわけサラブレッド）の流通・市場に大きな変化が生じました。今までともすれば「庭先での売れ残り処分」的なイメージの強かった市場取引が、競走馬取引に大きな役割を果たすようになってきたのです。この変化は簡単にいえばセリ市場の「多様化」として表現できますが、そこでは「取引対象馬の多様化」と「市場主催者の多様化」という二つの変化がみられます。

従来、産駒の市場は一歳馬市場を中心に開設されていました。これに加え、当歳馬市場、二歳馬市場が新たに開設・拡充されたのです。

次に、市場開設者（主催者）の多様化も近年の大きな特徴の一つです。これまでの市場は、もっぱら軽種馬協会・軽種馬農協といった専門農協系の組織によって開設・運営されてきました。現在も多くの市場が軽種馬協会および軽種馬農協によって開設・運営されていますが、近年になって、総合農協であるひだか東農協（二歳トレーニングセール）、株式会社プレミア（二歳トレーニングセール）、社団法人日本競走馬協会（当歳・一歳セレクトセール―一九九八年のみ）といった団体・企業が、新たに市場を開設しました。

第56話　当歳馬取引

わが国の競馬は「血統神話」が強い国です。とくに近年は特定種牡馬の産駒がGⅠ、重賞レースを席巻するようになると「種牡馬神話」はますます顕著になりました。良血の仔馬は、以前より当歳の早いうちから取引されていましたが、一九九八年に(社)日本競走馬協会が当歳市場を開設し、一億円単位の取引が当たりまえのようになってからは、多くのファンにも知れ渡るようになりました。

二〇〇四年の当歳馬市場は、計四市場が開催されました。上場頭数は延べ七〇四頭、売却頭数は三五〇頭、総売上額は九三億円に及び、売却頭数、総売上額とも当歳市場のレコードを記録しました。この当歳市場を牽引したのは競走馬協会のセレクトセールで、当歳市場売上全体の八七％を占めました。〇四年は、サンデーサイレンス産駒が不在となったにもかかわらず、二三四頭が売却され、総売上額が八〇億七千万円になるという驚異的な結果でした（表6-3）。表6-4はセレクトセールの購買者一〇位までの名簿です。近年のトップ馬主が勢ぞろいしています。最高価格馬は、父ダンスインザダーク、母エアグルーヴの牡で五億一四五〇万円（消費税込み）という、日本史上の最高価格で取引されました。このセールは「わが国の生産馬が国際スタンダードに照らして、どの程度まで評価されるのかを実践する場」であり「日本のサラブレッドのプライス形成の先駆的役割を果たす」場*として、これからも注目されるでしょう。

表 6 - 3　セレクトセール累年成績

	上場頭数	売却頭数	売却率（%）	売上総額（億円）	最高価格（万円）	平均価格（万円）	1 億円以上頭数	5 千万円以上頭数
1998	183	131	72	45.4	19 000	3469	7	21
1999	260	173	67	50.6	18 000	2922	8	29
2000	268	173	65	60.7	32 000	3507	11	34
2001	279	185	66	51.7	19 000	2792	4	24
2002	277	186	67	54.4	33 500	2925	7	22
2003	276	211	76	70.7	33 000	3352	10	40
2004	308	234	76	80.7	51 450	3448	9	28
参考：2004 当歳 4 市場合計	704	350	50	92.9	51 450	2653	9	39

資料）表 6 - 2 に同じ。

表 6 - 4　2004 年セレクトセール購買者ベスト 10

	購買者	購買数	総額（百万円）	最高額（百万円）	備考（おもな活躍馬）
1	東京都 関口房朗	9	1182	515	フサイチ冠の馬主
2	東京都 金子真人	16	557	87	キングカメハメハ、ディープインパクト
3	宮城県 島川隆哉	7	544	180	トーセン冠の馬主
4	大阪府 近藤利一	12	409	105	アドマイヤ冠の馬主
5	新冠町（有）ビッグレッドファーム	8	390	210	マイネル冠のクラブ法人、コスモ冠の馬主
6	東京都（株）RRA	7	329	104	ゲイル冠の法人馬主
7	大阪府（株）ダノックス	6	301	84	ダノン冠の法人馬主
8	千葉県 大和商事	8	261	49	ダイワ冠の法人馬主
9	東京都 野田みずき	3	204	108	ミッキー冠の馬主
10	大阪府 山路秀則	8	169	326	オオスミ冠の馬主

注）冠（かんむり）とは馬名の最初につく名称。

資料）前掲『JBBA NEWS』2004 年 8 月号より作成。

図6-4　2005年セレクトセール風景

一方、日高軽種馬協会主催の当歳市場は北海道セレクションセール（七月）とオータムセールの二開催で、併せて三六八頭の上場、一一四頭の売却平均価格は一〇六四万円、八戸一〇月市場二頭の売却額は計七二五万円でした。

上記の「セレクトセール」「セレクションセール」は、厳しい書類審査や馬体検査の審査を通った、血統、馬体ともに優れた馬のみが上場できます。

一〇年前の一九九三年の当歳市場は上場頭数が七五頭でしたから、〇四年に上場された頭数七〇四頭は九・四倍と増えました。とはいえ、〇四年の血統登録申込数は七四四一頭でしたから、その九・五％に過ぎません（売却馬の比率は四・七％）。

当歳馬の市場取引は、生産者にとっては資金回転が速く、高価格で販売されるという点で、また庭先取引と違って代金の支払いや引き取りに関するトラブルもあまりないというメリットがあります。しかし、一歳・二歳馬に比べて血統の位置づけはより一層強まり、人気のある種付け料の高い種牡馬の産駒が有利になります。したがって、当歳馬市場の拡大はより一層の血統偏重をもたらすことになり、人気種牡馬の種付けを行えない生産者にとっては不利な立場に立たされ、牧場間の経営格差が開くことになりかねません。

＊日本軽種馬協会『JBBA　NEWS』二〇〇三年八月号。

第57話　一歳馬取引

近年の市場改革の中身は主催者の多様化とともに、当歳市場、二歳市場の拡充でした。とはいえ、現在も年齢ごとの市場でもっとも規模が大きいのが、一歳馬市場であることに変わりありません。普通の家族牧場が上場するのは、おもにこの一歳馬市場なのです。

二〇〇四年の一歳馬市場は八市場が開催され、上場頭数は二四二九頭（牡一二五〇頭、牝一一七九頭）、売却頭数は六九九頭（牡四三二頭、牝二六七頭）でした。売却率は二八・八％（牡三四・六％、牝二二・六％）、平均価格は五二四万円、牡は六一八万円、牝は三七二万円でした。近年は、とくに牝馬の売却率、平均価格が極端に低くなっています。

一歳馬市場の平均価格は、バブル期絶頂の一九九〇年・八四二万円を境に年々低下傾向にありま

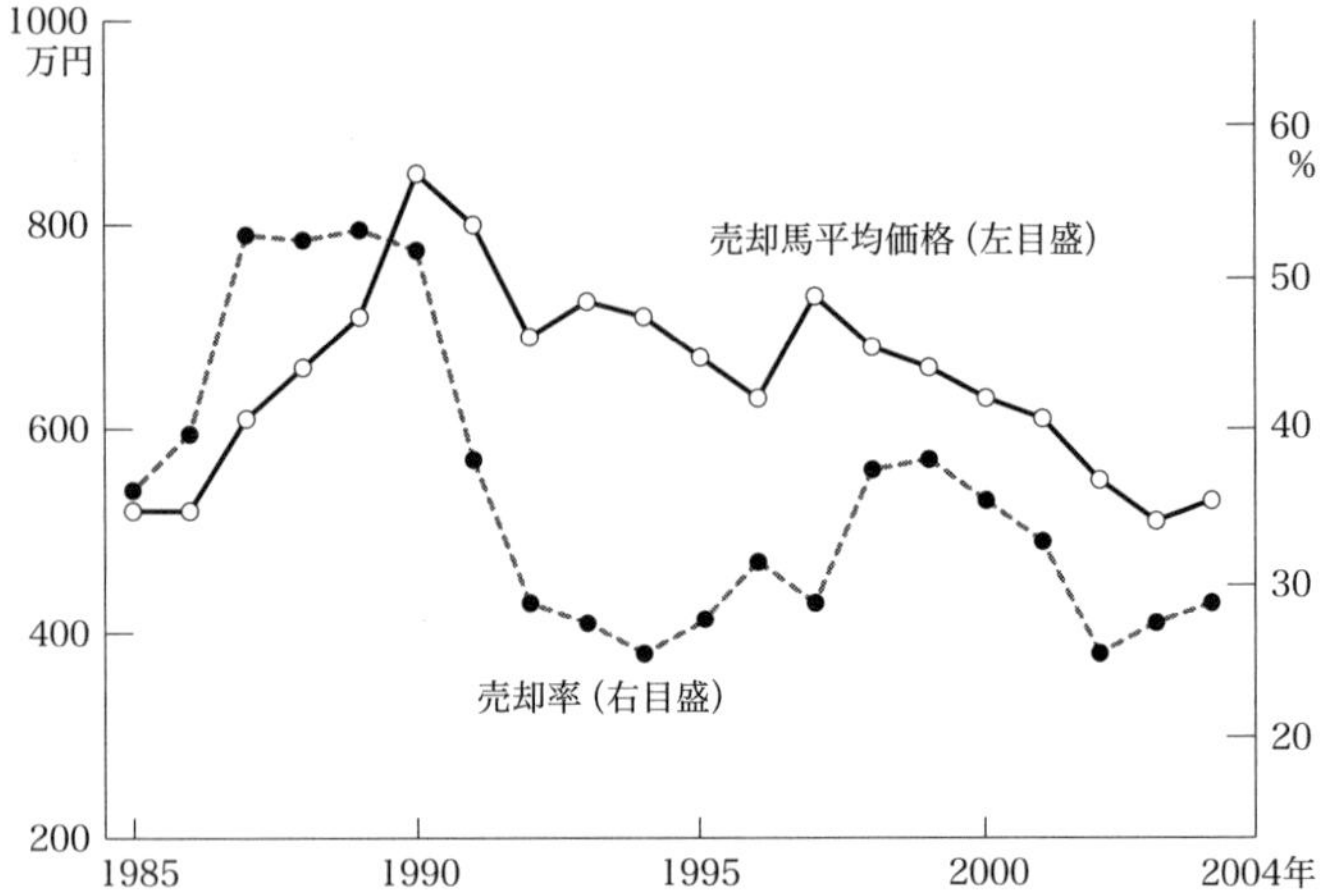

図 6 - 5　サラ系 1 歳馬市場取引の動向

表 6 - 5　1 頭あたり費用合計と市場価格（サラ系、単位：千円）

	1980	1985	1990	1995	2000	2001	2002	2003	2004
1 頭あたり費用合計（a）	4037	3773	4775	5399	5179	5307	6748	5801	—
1 歳平均市場価格（b）	3712	5205	8420	6598	6248	6068	5478	5111	5237
(b) / (a)	0.92	1.38	1.76	1.22	1.21	1.14	0.81	0.88	—

注）費用合計、市場価格とも 1 年前の生産である。
資料）1 頭あたり費用は JRA『軽種馬生産費調査』、市場価格は前掲『軽種馬生産統計』『軽種馬統計』各年度版より作成。

す。また、売却率はこれも九〇年に五〇%を超えた以外は二〇〜三〇%台が続いており、市場振興の図られた九〇年代後半に一時盛り返しましたが、この三年ほどは低迷しています。売却率が三割以下（〇三年・二七%、〇四年・二九%）ということは、逆に七割以上は主取り《ぬし》（売却されず、販売者が引き取る）されるということです。主取りの馬のなかには、別の市場（夏市場なら秋市場、二歳トレーニングセール）で売れる馬もいますが、それはわずかです。多くは、その後の庭先で買い叩かれるか、仕向け変更馬になってしまうのです。ここに市場振興を図る際の最大のネックがあります。

さて、一歳馬の市場平均価格が五二四万円ということは、何を意味するか考えてみましょう。表6-5をみてください。市場価格は低迷しているにもかかわらず、一頭あたり費用合計は減っていません。平均市場価格を費用合計で割った商は、一九九〇年に一・七六倍でしたが、二〇〇〇年になって一・二倍前後で、〇二年からはついに一を割ってしまいました。注意して欲しいのは、市場価格はあくまで「売れた競走馬」の平均価格であって，「生産された競走馬」の平均価格ではないということです。* 「売れた競走馬」の平均価格が費用にも満たない（はるかに下回る）ということは，圧倒的多くの競走馬、競走馬経営は赤字であることを物語っています。

今回は少し暗い話になりましたが、しかし、これが生産牧場の現実です。

＊「生産費調査」は売れた産駒対象牝馬のそれまでの未売却馬のコストも計算するが、あくまで産駒が売れなければ計算対象外である。

第58話　二歳馬トレーニングセール

近年の競走馬市場の大きな変化は、年齢別市場では当歳市場の拡充と、今回とりあげる二歳トレーニングセールでしょう。トレーニングセールは、競馬場や調教施設で二歳馬を公開調教した後、セリにかけるという特徴があります。

トレーニングセールは即戦力として使用しうる馬の供給を担うものです。競走馬をレースに使える状態に近いところまで仕上げた二歳馬を購入すれば、馬主にとっては、仕上がり状態をみきわめてから購入できるだけでなく、当歳、一歳からの育成・調教にかかる費用を負担しないですむメリットがあります。

日本におけるトレーニングセールは一九九四年から行われたサンエイトレーニングセールを嚆矢としますが、これは育成業者のプライベートセールとして行われたものであり、多数の生産者・育成業者が馬を上場するというものではありませんでした。本格的市場としてのトレーニングセールは、九六年に行われた両国市場が最初のものでした（調教模様はＶＴＲを使用）。翌九七年には、プレミアトレーニングセール、日高軽種馬農協（ＨＢＡ）とひだか東農協（ＪＡひだか東）が新たにトレーニングセールを開始し、二歳馬の市場取引が一気に拡大しました。

株式会社プレミアは一九九六年、日高の大手生産者と育成業者が中心となって競走馬市場の開設・運営をめざして設立された会社です。プレミアは、一時期活動を休止しましたが、二〇〇四年

表6-6　サラブレッド2歳市場成績の推移

	上場頭数	売却頭数	売却率（%）	売上総額（百万円）	最高価格（万円）	平均価格（万円）	1000万円以上の頭数
1994	13	3	23.1	23.5	1130	784	1
1995	15	5	33.3	40.8	2000	816	1
1996	35	16	45.7	124.9	2750	781	3
1997	216	99	45.8	836.4	5050	845	26
1998	235	135	57.4	1236.9	6850	916	35
1999	257	166	64.6	1349.2	4050	813	43
2000	306	197	64.4	1919.8	6800	975	68
2001	397	238	59.9	2048.7	3550	861	70
2002	403	164	40.7	1230.5	3050	750	40
2003	222	102	45.9	734.3	3800	720	22
2004	249	138	55.4	1026.7	5303	744	31

資料）前掲『軽種馬統計』2004年度版より作成。

から再開しています。

二〇〇四年に開催された二歳トレーニングセールは五市場でした。早い順に、四月九州、五月千葉、北海道（日高軽農）、ひだか（JAひだか東）、六月プレミアで、上場頭数は二四九頭、売却頭数は一三八頭、売却率は五五％、売上総額は一〇億二六七万円で前年より四〇％プラスでした。前々年は逆に四〇％ダウンでしたが、プレミアセールの未開催の影響もあるようです（表6－6）。個々のセールの実績は、ひだか東（六五頭上場、四二頭売却、五一億）、北海道・日高軽農（一〇三頭上場、四五頭売却、三〇億）、千葉（三四頭上場、二二頭売却、一一・五億）、プレミア（三二頭上場、二〇頭売却、八・四億）、九州（一六頭上場、九頭売却、一・六億）となっています。

二歳馬市場の本来的意義は、産駒に育成・調教という付加価値を付与して、より高い価値実現をはかることにあります。アメリカでは二歳市場が定着しています。それは、競走馬全般の市場が定着していること、付加価値を付与する志向が定着していること、ピンフッカー、コンサイナーが社会的存在として認められていること、などの条件があります。しかるに、日本の場合は、庭先取引が圧倒的に多いことと、「血統神話」が行き届いているため産駒は年齢が若いほど高く売れる傾向にある、という違いがあります。

今後の二歳市場の動向に注目しましょう。それは、二歳市場の動向が競走馬市場全体の動向に影響を与えるだけでなく、日本の競走馬取引、ひいては日本競馬の性格を決めていく大きな要因となるからです。

第59話　コンサイナーとピンフッカー

近年、市場の活性化や二歳トレーニングセールの定着にともない、欧米にあるコンサイナーやピンフッカー的な役割をする牧場があらわれてきました。

「コンサイナー」とは聞きなれない言葉ですが、英語表記だと「consigner」（委託者）になります。つまり、販売委託者ないし販売代理人のことで、生産牧場から産駒を預かり、セリに向けて馬を馴致し、馬体を整え、ＰＲ活動を行い、預かった馬ができるだけ高値で販売されるよう活動する専門組織や集団の総称です。コンサイナーとは、その意味では売手と買手とのあいだを媒介する情報産業という側面と、上場馬の馴致・手入れ（セリ馴致）をするという側面の両方をもちます。同じコンサイナーといっても、ヨーロッパでは情報産業の側面を強くもち、アメリカでは両方の機能をもつようです。

セリ売買が一般的となっている欧米では、セリで上場側の主役として活躍するのがコンサイナーです。優れたコンサイナーはセリのなかでの位置づけも高く、セリを盛り上げるためにセリ会社も彼らの力をうまく使います。彼らは一定の預託料と歩合による成功報酬制で事業を行います。著名なコンサイナーは「テーラーメイド」「イートンセールス」などがあげられるでしょう。

日本では一〇年ほど前には、「コンサイナー」という言葉すらありませんでした。バブル全盛期に多くの日本人バイヤーや牧場主が海外市場に行きましたが、海外のセリでは上場馬の質が日本とまったく違うと感じた人は多くても、「コンサイナー」の存在に気がついた人はごくわずかだったようです。バブル期以降、日本の牧場後継者が馬産技術を学ぶため、海外の牧場に数カ月～二年間、研修に行くケースが多くみられるようになりました。帰国した彼らは海外で学んだ「コンサイナー」としての馬の馴致や仕上げ方を日本にもち込んだのです。

日本では古くから、馬の売買は庭先で行われてきました。そのため、「多くの人に一度に馬をみせる」という習慣はなく、セリに上場される馬の馴致や手入れは劣ったものでした。日高では古くから、セリに上場予定の馬を当日、人目を引くように馬を仕上げ、馴致することを俗に「馬を造る」といっていました。「あそこの牧場は馬を造るのがうまい」といわれるところもありましたが、それは経験と職人気質によるもので、広く一般に広まることはありませんでした。そのなかから、自ら生産牧場を経営する一方で、他の牧場からセリ上場馬を預かり、海外の「コンサイナー」的活動を行う牧場が出てき始めたのです。今から五～六年ほど前のことです。セリの日に馬を上場する多くの中小生産牧場が、普段牧場で作業しているような作業服にゴム長靴といった格好で馬をお客様にみせるのが多いなかで、清潔感あるそろいのユニフォームで、馬がセリにかけられる際は黒いスーツに着替えて馬を引くという姿は注目を集めました。彼らがセリ前に預かった馬たちは、見事なまでに磨き上げられ、毛並みも整い、蹄にはマニキュア（馬用）が塗られ、馴致も行き届いていました。多くの馬が初めてくるセリ会場で驚いたり、暴れたりするなか、馴致された馬のしっかりとした振る舞いは、バイヤーの注目を集めました。コンサイニングされた馬は高い確率と市場平均よりも高い金額で売買されました。こうしてだんだんと、日本的なコンサイナー活動が浸透し始め、今ではすっかりおなじみの存在となったのです。業界の先駆的存在である「エバグリーン・セールスコンサインメント」や「バンダム牧場」「チェスナットファーム」「田中スタッド」「高昭牧場」などの牧場は日高では「馬造りがうまい」コンサイナーとして著名になりました。セリ馬に独自の飼養管理方法を施し、飼料を工夫したり、セリ当日はオリジナルパンフレットをつくったりして、産駒がより注目を集め、高い価格で落札されるように活動しています。

「ピンフッカー」、これも聞きなれない言葉です。わかりやすく表現するなら「転売業者」のことです。競馬先進国でも日本でも古くから家畜商として存在していました。彼らはおもに一歳馬を自ら買い取り、トレーニングを施して（多くは二歳で）転売します。コンサイナーとの大きな違いは、まず、彼らが扱う馬は預託馬ではなく「自らが買い取った」馬であることです。また、コンサイ

図6-6　すっかりおなじみになった外国人のコンサイナースタッフ

ナーのおもな活躍の場は一歳市場ですが、ピンフッカーは二歳のトレーニングセールを活躍の場としており、馬場や坂路のなどの調教施設をもっていたり、借りたりしています。彼らの売りは育成技術と相馬眼です。多くのピンフッカーは育成牧場の経営主であることが多く、育成牧場で生かした技術を使ってピンフック行為を行っています。自らが買い取った馬に調教を積み、付加価値を加え、高値での転売が成功すれば差額が彼らの副収入となります。トレーニングセールではときに血統はさほどよくない馬でも、走りや馬体がよく、一千万円以上で落札される馬を眼にすることがあります。そんな馬の生産牧場と所有者が違う場合は、ピンフック行為が行われている可能性が高いと推測されます。非常にリスクの高い行為ではありますが、ハイリターンの獲得をめざしてこのピンフック行為を行うケースが多いようです。ときには、二〇〇〇万円ほどで買い取られた馬がピンフックされ、セリで一千万円を超える価格がつくときがあります。まさにピンフック行為は、リスクと引き換えにハイリターンをめざす行為なのです。ピンフッカーの役割は「付加価値を付けて転売する」という意味においては、従来の家畜商が行っていた役割と同じようですが、高度な育成技術と施設なしには行えません。ＢＴＣを利用した受託専業型の育成牧場（育成業）が、その役割を担うようになったのです。

第60話　売れなかった馬はどうなる？

これからするお話は、馬愛好者や競馬ファンには残酷・残念に思う話かもしれません。

近年の競馬不況や地方競馬の廃止の影響で、競走馬市場で売れ残る産駒はますます多くなっています。図６‐７は、一歳市場での主《ぬし》取り率（売却率の反対で売れなかった馬の比率）です。一歳市場は市場のなかでも一番上場が多く、家族経営にとっては一般的な取引市場ですので取り上げました。

一歳市場は、バブル絶頂期の一九九〇年で辛うじて半数強が売却されましたが、あとの年は主取り率の方が多く、近年は七割もの馬が売れない状況が続いています。そのなかでも牝馬の売れ残りが目立ちます。市場をみていても、主取りばかりが続くとむなしい気持ちになります。一歳市場は何回かありますし（北海道市場ではセレクションセールを含めれば四回）、一歳で売れなくても育成して二歳セールで売ることもできます。表６‐７は、二回以上上場された産駒を取り上げたものです。もちろんこのなかには、一度買い上げられた一歳馬が、二歳トレーニングセールに上場される例（ピンフック）も含まれていますが、何回か上場（主取り）を繰り返す産駒もいます。それが、増えていることを示す表とみてさしつかえないようです。しかし、複数回上場しても売れる産駒、しかも種付

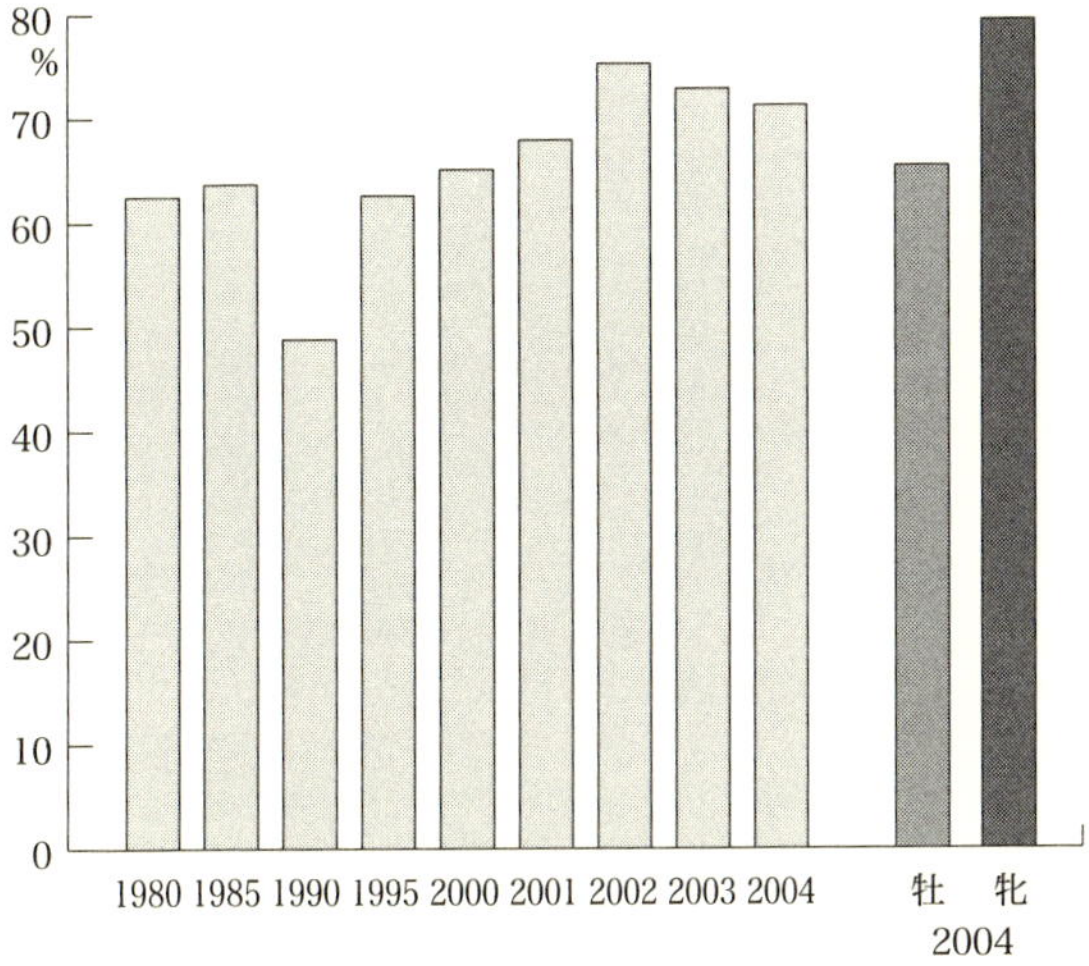

図6-7　サラ系1歳市場主取り率

表6-7　2回以上上場された産駒

	1997年産駒		2001年産馬駒	
	頭	%	頭	%
サラ生産頭数	8668	100.00	8807	100.00
1回上場	1448	16.71	1809	20.54
2回上場	373	4.30	798	9.06
3回上場	41	0.47	241	2.74
4回上場	4	0.05	28	0.32
5回上場	—	—	4	0.05
2回以上出場	419	4.83	1043	11.84
上場馬実数計	1866	21.53	2880	32.70

資料）JBIS資料および『軽種馬統計』により古林英一氏作成。

表6-8　馬名未登録馬と2歳未売却馬推計（頭）

生産年	生産頭数	馬名未登録馬	2歳未売却馬推計		
			合計	うち牡	うち牝
1996	9045	537	797	272	515
1997	8668	455	766	279	487
1998	8493	399	706	252	452
1999	8527	380	493	199	294
2000	8624	438	340	135	205
2001	8807	567	468	227	241
2002	8750	977	613	237	376

注）1. 2歳未売却馬推計は、メール、面接、電話による聞き取り調査。全国推計は未回収があることから、全生産頭数の構成比を乗じて推計。残っている馬のなかから自ら出走させる馬を除いたものを未売却馬とした。
2. 推計値はあくまでもスライドした数値であって、回答のあった者の方が、回答しなかった者より未売却馬の割合が少ないことが予測される。
資料）『軽種馬統計』2004年度版、『軽種馬生産関係資料』各年度版より作成。

け費を回収できる産駒はわずかです。市場で主取りされた産駒が、庭先で取引される（多くは市場主取り価格より下げて）こと、場合によっては二束三文で引き取られることもあります。

そこで、表6-8をつくってみました。この表は、未売却馬（売れ残った産駒）がどれくらいいるかの推計値です。まず、表の右、馬名登録からみてみましょう。競走馬は競馬場で走らせる場合、中央競馬、地方競馬に馬名登録します。馬名未登録馬は、競走馬として使わなかったことを意味します。この資料は二〇〇四年データですから、二〇〇二年生れで調査段階ではまだ未登録だった馬もいるので数は多くなっています。未売却馬調査は推計値でもあります。しかし、近年は数百頭の単位で「売れ残りの馬」がいることになります。この「売れ残りの馬」のなかからは、若干繁殖牝馬や使役馬にするものもいるでしょうが、ほとんどは肉用馬になるとみてさしつかえないようです。競走馬は「経済動物」であり、淘汰のうえに成り立っているといって割り切ればそれまでですが、毎年多くの馬が売れ残り、肉用馬になっている現実に、やりきれないと思う人も多いでしょう。

日高では、売り残りの馬のことを揶揄して「早来行き」ということがあります。それは日高の隣町・胆振支庁早来町に、北海道畜産公社道央事務所のと畜場があり、馬も牛などとともにと畜が行われているからです。この事務所における馬のと畜数は二〇〇〇年三七七頭、〇一年四四八頭、〇二年三九八頭となっています。そのうち二歳未満はそれぞれ三一頭、四九頭、四六頭で少なくほとんどが三歳以上ですので、売れ残りの馬がすぐ早来で肉になっているわけではありません。日高で売れ残った競走馬を本州（とくに九州が多いようですが）の家畜商が買い上げ、本州で肥育してから馬肉にしているようですが、実態はわかりません。と畜場のほかに、死亡獣取扱場というのがあります。これは、文字通り死亡獣の取扱場で管内には五カ所あり、二〇〇三年に三二七頭、〇四年に四〇四頭の馬が処理されています。

第*61*話　競走馬取引のこれからの課題

第6部の最後に、今後、取引はどうあるべきかの課題をまとめましょう。

産駒取引には市場（セリ）取引と庭先取引とがあり、それぞれにメリットとデメリットがあります。

市場取引のメリットは、公正・公平な取引ができる、販売者からすれば競り合うことで価格の上昇が期待できることでしょう。また、セリを通じて生産者・関係者全体の相馬眼を養うことができることもあげられます。庭先取引のメリットは、早く買い手がつく、じっくり話が聞いてもらえる、馬をみてもらえる(聞くことができる、みることができる)、いい意味でのアフターケアが授受される、生産者・馬主の信頼関係・繋がりができることでしょうか。しかし、繰り返しになりますが、現実には庭先取引が圧倒的に多く、そのなかには不透明な商慣行も存在します。近年、市場取引の取扱高が伸びているとはいえ、市場ごと馬ごとの格差は広がっています。一方では、一億円単位で売れる馬がいるかと思えば、他方では、売れ残りが恒常化しています。

今後の取引は、「それぞれのメリットを生かしデメリットをなくすこと」に尽きますが、まずもって市場取引の改善が必要でしょう。市場取引の改善が、庭先取引を含めた産駒取引全体の改善になると思われるからです。

今日、生産馬のうち市場に出場する馬は四〇%近くですが、売却される馬は一〇%強であることをみてきました。これを欧米並みの比率に近づけることが、当面の目標となるでしょう。競馬先進国の一歳馬市場の上場状況については、少し古い資料ですが、表6-9と表6-10に示しました。一歳馬上場率は三〇〜四〇%ですが、売却率は七〇〜八〇%を超えています。フランスの場合、表6-9の参考にあるように一歳馬市場だけでなく、当歳馬、二歳馬市場を含めると市場取引馬が五〇%を超えています。諸外国にも、もちろん庭先取引がありますが、市場取引が中心になって取引が動いていることがうかがえます。

表 6 - 9　諸外国の 1 歳馬市場上場状況（1995 年）

	前年生産頭数	上場頭数	上場率（%）	売却頭数	上場馬に対する売却率（%）	生産馬に対する市場取引率（%）
アメリカ	35 200	9 537	27.1	7 882	82.6	22.4
イギリス	5 362	2 142	39.9	1 893	88.4	35.3
フランス	3 272	992	30.3	700	70.6	21.4
オーストラリア	16 663	4 491＊2	27.0	3 817	85.0＊1	22.9
日本	9 750	1 557	16.0	427	27.4	4.4

注）＊ 1 は主要市場の売却率、＊ 2 は売却率と売却頭数からの推定値。

参考）フランス生産者の販売方法（フランス生産者協会のアンケート調査による）

生産した馬の販売について

ドービィルの	1 歳馬市場	40%
	当歳馬市場	6
	2 歳馬市場	7
	市場計	53%
セリ以外の庭先取引		38%
その他		9%

資料）JRA『軽種馬生産育成振興対策協議会報告書―資料編』1997 年 7 月。

表 6 - 10　欧州 3 国の重賞レースと市場取引馬の関係（1995 年）

	イギリス			アイルランド			フランス			欧州 3 国（英愛仏）		
	レース数	市場馬勝鞍数	割合	レース数	市場馬勝鞍数	割合	レース数	市場馬勝鞍数	割合	レース数	市場馬勝鞍数	割合
G Ⅰ	25	5	20.0	9	2	22.2	25	7	28.0	59	14	23.7
G Ⅱ	27	17	63.0	5	2	40.0	26	8	30.8	58	27	46.6
G Ⅲ	55	24	43.6	21	7	33.3	56	14	25.0	132	45	34.1
計	107	46	43.0	35	11	31.4	107	29	27.1	249	86	34.5

資料）表 6 - 9 に同じ。

その意味では、日本でも、生産馬の市場出場率七〇％、売却率五〇％になれば、市場が価格形成の目安となり、庭先取引の不合理な問題も払拭されると思われます。

市場取引の活性化にあたっては、とりわけ日高での改革、専門農協系市場の改革が求められています。出場馬の絶対的多さ、とりわけ家族経営にかかわる一歳市場の中心的市場であり、「売れ残り」が多いのもこの市場だからです。もちろん、専門農協組織もこの間、市場業務へ力を入れ、市場への職員を重点配置し、当歳市場や二歳馬市場の新設・改善を行ってきました。しかし、思い切った改革が断行されなければなりません。開催日程もたとえば種牡馬別あるいは価格帯別の日程をつくるなど、バイアーのニーズに合わせた日程やサービスが求められます。競走馬協会主催のセレクトセールの成功は、ともかくも「買う側にとって魅力ある上場馬」をそろえることができたからです。「よい商品のあるところには、よいお客が集まる」のが法則です。日高でも、魅力ある馬の掘り起こしとセリ市場への上場が待たれます。また、それを生かしきれる市場改革（主催者を含めて）も待たれています。

運営面についての改革も求められています。お台（セリの最初の価格）の設定などについても改善が必要でしょう。あまり「主取り」が続くと市場の空気がしらけますので、そのようなことのないような工夫が必要になっています。プレミアセールの場合は、プレミアセールの職員と生産者が協議して評価額を設定し、お台はこの評価額よりもさらに低い価格に設定するという方法がとられています。そして上場者もセリに参加し、この評価額のところまでは競ることができ（評価額未満で販売者が落札した場合は手数料が徴収されない）ようになっています。競走馬協会主催のセレクトセールでも、リザーブ価格というかたちで、ほぼ同じような趣旨の制度が採用されています。セレクトセールではセリの会場では、主取りなのか、実際に売れたのかどうかがすぐにはわからない方法がとられました。「主取り」でも売却でも同じようにセリが進行するため、場内の雰囲気づくりという点では有効なのかもしれません。

庭先取引は、調教師・馬主・生産者の密接な人間関係がベースにあってこそ成立するシステムですが、従来は個々人または（有力）グループのネットワークに頼っていました。しかし、これからは不特定多数のバイアーへの情報提供が重要になっています。これまでも、ひだか東農協の生産予定馬名簿『胎動』、日高軽種馬農協の販売情報誌『クレレ』の発行がありますが、これら名簿の有効活用や、馬主の掘り起こしのシステムをつくることが必要でしょう。第79話では、そのためのアイディアを載せました。庭先取引の改善は、契約の文書化とその遵守につきますが、これとて当事者の自覚を促すだけでなく、公的規制が必要でしょう。そして、市場取引の拡大・充実が、名実ともに庭先取引を含めた競走馬取引全体の発展・健全化につながると思います。

最後に、市場改革や取引全体の改善は、スポットのあたる「市場という場」だけの問題ではありません。生産者の経営基盤の脆弱さや厩舎制度の問題等とかかわっているのです。その意味では、市場の改革は、日本の競馬・競走馬生産全体構造の改革につながるといえるでしょう。

第7部

日本競馬のしくみ

第62話　競馬法——競馬の目的と理念の確立を

競馬法は一九四八年に、日本中央競馬会法は五四年に制定され、この二つの法律に基づいて日本の競馬が施行されています(図7-1参照)。今日の競馬法は、戦後すぐにできた五〇年以上前の法律なのです。その後、時々の改正があり、一九九一年と二〇〇四年にはかなりの改正をみましたが、競馬法のいわば骨格は変わっていません。

日本の競馬法には競馬の目的・理念がないというと、みなさんは変に思うでしょうか。競馬法の第一条は「日本中央競馬会又は都道府県は、この法律により、競馬を行なうことができる」です。どんな法律でも、たとえば教育、農業、科学技術の基本法では、ふつう第一条に定義があり、何のためにこの法律が必要かということを謳っています。しかし日本の競馬法にはそれがないのです。確かに二三条の三に「都道府県は、その行なう競馬の収益をもって、畜産の振興、社会福祉の増進、医療の普及、教育文化の発展、スポーツの振興及び災害の復旧」云々とは書いてあります。また、二三条の二には地方競馬全国協会(地全協)への交付金規定があります。しかしいずれも、競馬収益の使途は書いてあるけれども、競馬の目的は書いていないのです。中央競馬会法には、同会を設立する目的の記載はあるものの、施行を定めた競馬法には書いていないのです。

中央競馬の場合、資金の流れは二五％が競馬会に入って、七五％はファンに還元されます。二五％のうちの一〇％は第一国庫納付金、残りの一五％で競馬事業をやって、剰余金の二分の一が第二国庫納付金となります。納付金は畜産振興と社会福祉に充てることになっていますが、これは一般会計に入るので（薄まってしまって）、実際にどう使われているかはわからなくなっています。

　そもそも日本の競馬法は、「富くじ例外法」によって規定されてきました。日本は戦前から私的ギャンブル、賭博行為は禁止されてきました。けれども、「競馬は特別である」。競馬は賭博行為だけれども許す。「許す代わりに益金は国庫に入れなさい」という意味合いでしょう。確かに、戦後競馬はギャンブルとして出発したかも知れませんし、今もときとして「犯罪の遠因」に競馬があげられることがあり残念です。しかし、圧倒的多数の国民は、健全な娯楽・スポーツ・文化として楽しんでいるのに、戦前の「富くじ例外法」的思想が現在まで続いているのです。私は、競馬の目的が「健全なる娯楽、馬事文化・スポーツ」にあることをはっきり認知させる必要があると思います。たびたびお話しましたように、今、馬産地は疲弊にあえいでいます。そのため馬産振興が必要ですが、その法的根拠がないといってもいいのです。法律上、娯楽、文化、スポーツとして日本国民に必要であることを謳ったうえで、その益金は、畜産振興や福祉に回すとともに、競馬の発展、馬事文化、競走馬産地

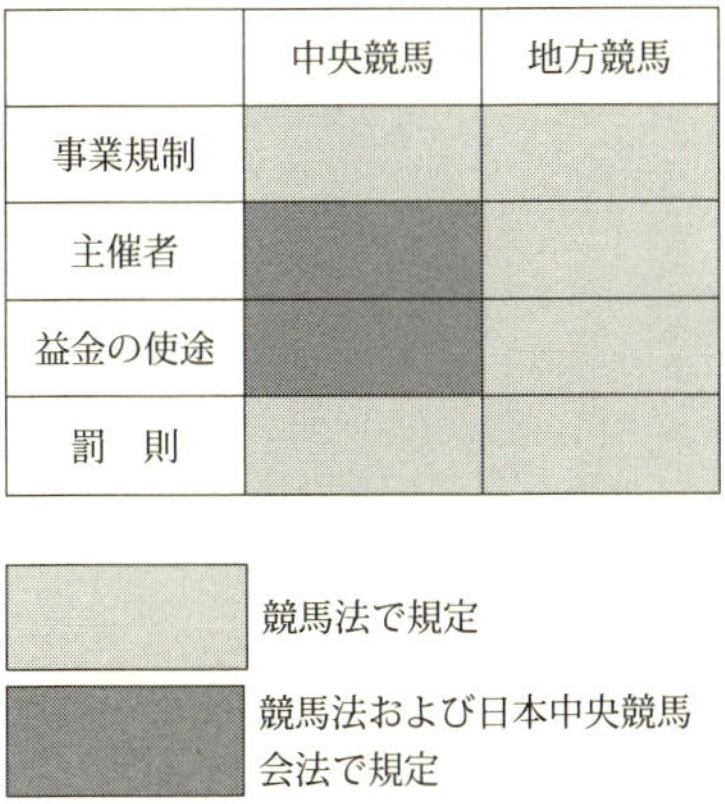

図7-1　中央競馬・地方競馬と法律
出典）競馬制度研究会『よくわかる競馬のしくみ』地球社、1992年、15頁。

の振興にも回す。競馬や産地に還元することを明記すべきものと思います。

　みなさんはどう思われるでしょうか。

第63話　中央競馬と地方競馬

　日本の競馬は、中央競馬と地方競馬の二本立てであり、主催者だけでなくその依拠する法律も異なっています。中央競馬とは政府全額出資の特殊法人・日本中央競馬会（ＪＲＡ）が主催する競馬をいい、地方競馬とは都道府県または指定市町村（一部事務組合）が主催する競馬をいいます。このような二本立て競馬は世界中で日本だけであり、「わかりにくい競馬制度」です。

　日本の競馬がこのように分かれているのは、両者の沿革が異なっているからです。中央競馬は馬の競走能力の検定を通ずる優良馬の選定をねらいとした公認競馬の流れをひき、地方競馬は各地で行われていた祭典競馬に端を発し、各地の馬匹組合連合会等が実施していた競馬の流れをひいています。

　現在の中央競馬は、競馬場一〇カ所（札幌、函館、福島、新潟、東京、中山、中京、京都、阪神、小倉）と場外発売所をもっています。地方競馬の主催者は、二〇〇二年には二五あったのですが、この間、中津、宇都宮、栃木県、新潟、益田、群馬県、足利、上山、高崎が相次いで廃止、神奈川県と川崎市が統合したので、〇五年初の主催者は一五（北海道、北海道市営〈ばんえい〉、岩手県、埼玉県浦和、千葉

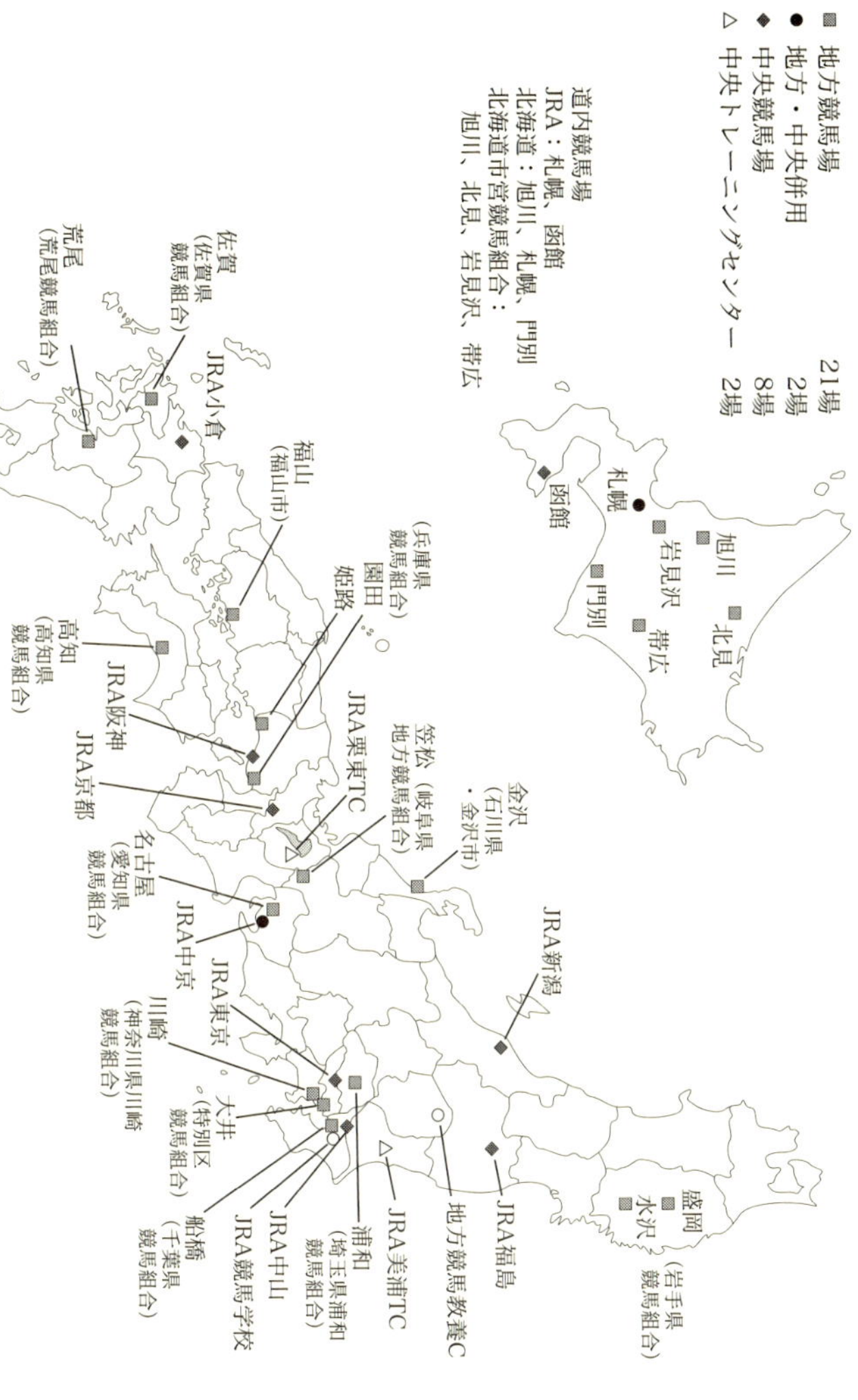
■ 地方競馬場　21場
● 地方・中央併用　2場
◆ 中央競馬場　8場
△ 中央トレーニングセンター　2場
道内競馬場
JRA：札幌、函館
北海道：旭川、札幌、門別
北海道市営競馬組合：
旭川、北見、岩見沢、帯広
札幌
函館
旭川
岩見沢
北見
門別
帯広
盛岡
水沢
（岩手県競馬組合）
JRA福島
地方競馬教養C
JRA美浦TC
浦和
（埼玉県浦和競馬組合）
JRA中山
JRA競馬学校
船橋
（千葉県競馬組合）
大井
（特別区競馬組合）
川崎
（神奈川県川崎競馬組合）
JRA東京
JRA新潟
金沢
（石川県・金沢市）
笠松（岐阜県地方競馬組合）
JRA栗東TC
名古屋
（愛知県競馬組合）
JRA中京
JRA京都
JRA阪神
姫路
園田
（兵庫県競馬組合）
福山
（福山市）
高知
（高知県競馬組合）
JRA小倉
佐賀
（佐賀県競馬組合）
荒尾
（荒尾競馬組合）

図7-2　競馬場等の全国分布図（2005年4月現在）

県、東京特別区、神奈川県川崎、石川県・金沢市、岐阜県、愛知県、兵庫県、福山市、高知県、佐賀県、荒尾）に、競馬場数は二一になってしまいました（以上の名前は実質的に機能している主催者の正式名称）。

巻末表10をみると、地方競馬全体では中央競馬よりレース数は五・九倍、開催日数は六・六倍、出走頭数は二・六倍も多いのです。しかし、売得《ばいとく》金額（馬券の売上額）総額は、中央競馬が地方競馬の六・四倍、開催一日あたりの売得金額はなんと四一・七倍となっており、しかもこの差は年々開いていています。問題は賞金額です。賞金総額は中央競馬のほうが地方競馬より二一・一倍ほど高い程度ですが、一日あたりの賞金は一四・三倍、出走実頭数あたりでは五・四倍になっています。地方競馬は賞金が低いから（よい）馬が集まらず、レースに魅力がなく、ファン離れを起こし、それがまた賞金を引き下げるという悪循環になっています。売得金額中の賞金割合は地方のほうが断然高く（中央三・六％、地方一一・一％）、売得金額の低迷と併せて考えると地方競馬の運営の厳しさがうかがええます。

かつて中央競馬と地方競馬とはそれぞれ興業としての独自性を保ち、ファン層も異なっていました。じつは、一九六七年までは地方競馬の売得金額のほうが中央競馬のそれをしのいでいたのです。ところが中央競馬は、施設・馬場の拡充、良血馬の集中、資金力・情報力により全国のファンを引き付け、地方競馬との興業としての差を開いていったのです。競馬の国際化は映像・コンピューターの発達と一体となって、内外の一流競走を全国どこからでも観戦できるようになったからです。

第64話　地方競馬のあり方

今、地方競馬はほとんどの主催者が赤字で、廃止に追い込まれている競馬場が跡を絶ちません。では、地方競馬危機の要因・背景はどこにあるのでしょうか。直接的には、長引く平成不況とレジャーの多様化でしょう。危機に対応できない地方競馬関係者の「役人体質」や運営システムの欠陥もあるでしょう。しかし、より本質的には、現行の競馬システムにあると、私は思います。いまや巨大装置・情報産業となった競馬を、小さい自治体だけの「自己完結的競馬」(競馬施行も運営も馬券発売も基本的に狭いエリアで行う)では経営できない構造となり、そのような歴史段階になったことを銘記すべきなのです。

私たちは、中央競馬と地方競馬の二本立て競馬という日本競馬の現状を「二制度多元競馬」と呼んでいます。欧米の競馬は多主催者であっても発売機構は「一元的」、競走体系も「一元的」(馬・騎手の活動・移動は基本的に自由)です(「多主催者一元競馬」)。日本での二本立て競馬は、さまざまな歪みを生じさせています。日本の競馬は中央競馬と地方競馬に制度的に分かれているだけでなく、馬も人も馬券発売も、中央競馬と地方競馬はもとより地方競馬間でも「大きな壁」があるのです。たとえば、騎手のペリエ(フランス)やデムーロ(イタリア)が日本の中央競馬で乗るよりも、地方競馬の石崎隆之(船橋)、的場文男(大井)、五十嵐冬樹(北海道)らが中央競馬で乗るほうが制度的にたいへんなだけでなく、地方の騎手が他の地方競馬で「自由」に乗ることもできないのです。それから、中

図７-３　北海道営競馬の門別競馬場厩舎配置図

央と地方の交流は進みましたが、地方在籍のまま中央で活躍する馬には制限が多すぎます。中央と地方の統一ダート・グレードレースは、「グレード」は統一されても、真に「統一的」に運営され、「統一的」に発売されているわけではありません。たとえば、地方競馬の最大レースであるＪＢＣクラシック（統一ＧⅠ）の二〇〇四年の売上は、約一一・四億円です。これは、同じダート競走、中央ローカル札幌エルムＳ（ＧⅢ）の売上額（二一・二億円）の約半分です。〇四年ＪＢＣクラシックには、中央からアドマイヤドン（安藤勝巳）、タイムパラドックス（武豊）、ユートピア（横山典弘）、地方からナイキアディライト（船橋・内田博幸）、シャコーオープン（大井・的場文男）という、そうそうたるメンバーの参加にもかかわらずです。一般ファンが買いたくても買う機会が限られているからです。欧米の競馬は主催者がいくつあろうと競走体系は「一元的」で、どの馬も騎手も、実力さえあれば一定のルールで自由に移動でき、馬券も共通発売になっています。

一九九〇年代になって、中央競馬だけが一人勝ちできたのは、国際化と情報化でしょう。それらに対応して地方競馬が新たな展開を図ろうとしても、競馬法自体の制約で展開できなかったのです。二〇〇四年の競馬法改正で、相互発売の道がちょっぴりだけ開けました。この制度を有効活用することや、今ある交流レースや認定競走を拡大するということはもちろん大事でしょう。しかし、本質的なところを解決しないともう限界だと思います。

たしかに「地方競馬の廃止はやむをえないし、そのときは中央競馬のみを維持すればよい」との意見がファンや関係者のあいだにあることは事実です。しかし、地方競馬がなくなれば生産は縮小し、馬産地の崩壊につながりかねません。そうなれば、これまで培ってきた日本競馬そのものが成り立たなくなります。さらに、競馬にかかわる産業や地域経済への打撃は計り知れず、加えて、幅広く親しまれてきた国民的レジャーや馬事文化・スポーツ文化の基盤も失われることになります。したがって日本競馬の再編は、中央・地方を含めた全体の再編という視点が絶対に必要となります。

将来的には、中央・地方を含めた新たな競馬機構の創設（統一基準の検討、全体の意思決定の場）など、抜本的な改革が必要とされるでしょう。しかし、当面は関係機関の合意と協力の下で、中央競馬・地方競馬双方の利点を活かしつつ、「二制度多元競馬」から脱却し、日本競馬の将来像（グランドデザイン）を描いたうえで、短期（例―中央と地方、地方間の相互発売の拡大）、中期（例―中央と地方のレース体系の統一化）、長期（「一制度多主催者一元競馬の実現」）の目標を立て実行することが必要でしょう。*

＊　われわれグループ、日高軽種馬対策推進協議会会長私的諮問機関（代表岩崎徹）の改革案は「日本競馬の改革にむけて」である。この改革案は以下のウェブサイト参照のこと。農水省「我が国競馬のあり方に関する有識者懇談会」第五回（二〇〇三年六月二六日開催）議事録。

第65話　産地競馬――道営競馬の意義と役割

少し手前味噌になりますが、私が委員長のとき出した「北海道地方競馬運営委員会答申」＊（一九九九年一一月五日）は、画期的なものだと思っています。画期的な内味はいろいろありますが、とくに、北海道地方競馬（以下道営競馬）の意義を従来の「財政競馬」（地方財政への寄与）だけでなく（乗り越え）、他の社会的役割や多面的な意義を明確にしたことだと思います。その意義とは、（1）日本の馬産や競馬に対する役割、（2）北海道の経済や農業に果たす役割、（3）健全な娯楽の提供、（4）馬文化の創造・農村景観の維持、の四点です。道営競馬は、地方競馬というだけでなく、産地とのつながりが強い競馬（＝産地競馬）です。以下、この産地競馬の特徴を、前述の（1）に焦点をあててみていきましょう。

産地競馬とは、競走馬の一大生産地を抱え、育成施設・技術があるという大きなメリットを生かした「馬産地ならでは」の競馬運営をすることにあると思います。実際に、道営競馬の他の競馬（中央、地方）と際立って異なる点は、①二歳競馬・新馬戦の多いこと、②道営馬主の過半が生産者であることにあります。
①に関してみると、二〇〇三年の道営競走全出走馬一四三八頭のうち、六八八頭と四八%を二歳馬が占めていました。②に関しては表7‐1にあるように、道営馬主の五四%が競走馬生産者です。
二歳馬が多いということは、道営競馬に使用したあとでも転売が可能であり、道営競馬がテスト

表7‐1　道営馬主に占める牧場関係（牧畜業）の割合

職業＼年度	1991（人）	1999（人）	1991（%）	1999（%）
牧畜業	284	368	45.3	54.4
その他	343	309	54.7	45.6
計	627	677	100.0	100.0

資料）1991年度データは社団法人北海道馬主会『20年のあゆみ1971～1991』17頁。1999年度は北海道馬主会資料。

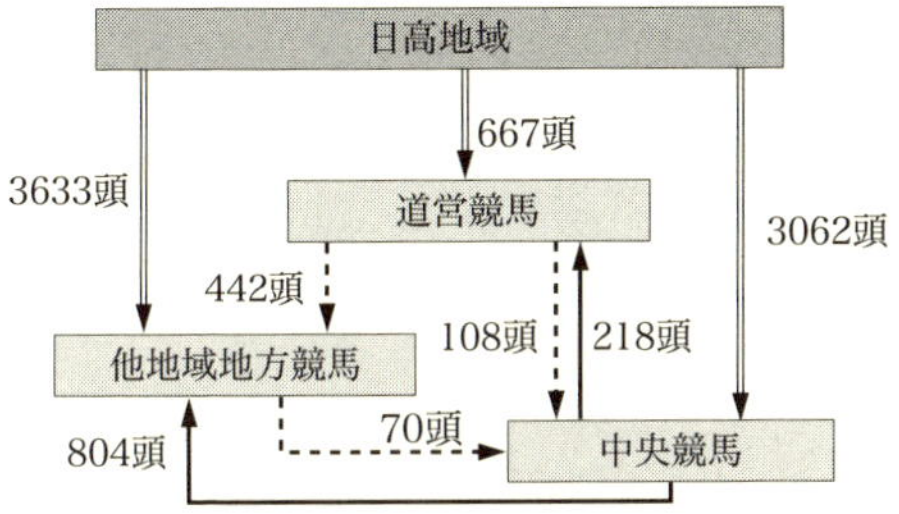

図7‐4　日高地域を中心にみた競走馬の入厩・移動関係

注）1. 数値は2000年の概算値である。
2. 二重線は産地からの直接の移動関係を示し、実線は中央から地方、破線は地方から中央を示す。

資料）JRA、地全協、北海道競馬事務所資料より小山良太氏作成。

マーケットとしての機能を果たしています。生産者にとってもテストマーケットとしての機能を果たすとともに、競走馬経営のリスク分散の役割をも果たしています。

図７‐４を見てみましょう。二〇〇〇年度の道営に入厩した新馬は六六七頭ですが、他の地方競馬四四二頭、中央競馬一〇八頭と合わせて五五〇頭・八二％が転厩しています。このような道営競馬の性格は、結果的に日本競走馬流通の要の役割を果たしていることになります。道営競馬がなくなれば、生産者・産地の危機を招くだけでなく、中央競馬・地方競馬への供給機能、競走馬の流れが断たれることになります。また、今までにも産地競馬の特徴として（二〇〇〇年に発足した産地の道営競馬への支援・応援組織である「北海道競馬運営改善対策室」の力が大きいのですが）、スタリオンシリーズ（勝馬の副賞に有名種牡馬の種付け権利を与える）、牝馬レースの新設拡大、現役馬セールが行われ、「産地ならでは」の各種イベントも行われてきました。次話でお話しする認定厩舎制度も産地のメリットを生かした画期的な厩舎運営でしょう。今後、道営競馬は「北海道競馬運営改善対策室」と力を合わせて、さらに産地競馬としての特色を生かした（たとえば先の答申ではクレイミングレースの新設――新馬戦のあとセリを行う――が提案）運営・企画が求められているといえます。

＊　インターネット・北海道地方競馬（http://www.pref.hokkaido.jp/nousei）に答申全文が載っている。

第66話　公正競馬と内厩制度について

日本競馬の厩舎制度を内厩制度といいます。競馬主催者（JRA）が指定した特定の施設・馬房を利用し、主催者が与えた免許をもつ調教師のもとで管理された馬しか出走できないシステムをいいます。この内厩制度が、調教師の権限を異常に強くさせ、閉鎖的な管理競馬をつくり、生産地にも不透明な構造をもたらしている、といわれています。

日本の中央競馬の厩舎は競馬場に付属しています。東（美浦）西（栗東）のそれぞれ約二千馬房に約一一〇〇人の調教師が、一人あたり約二〇馬房（開業当初は少ない）を管理しています。現在の厩舎制度は、貸付上限数に幅はできたとはいうものの、基本的な馬房数は確保され、馬房の固定化という現象が生じています。二〇〇一年より預託可能頭数の拡大策、[*1]〇四年より「メリット制度」[*2]という、成績によって馬房数を増減させる制度の実行が行われましたが、真に「競争原理」が働いていくかどうかは疑問でしょう。

日本においては、ヨーロッパにあるような、競走直前まで調教を行うことを目的として馬主等が自分で設置する厩舎施設（オーナーステーブル）はありませんでした（表7-2）。日本の競馬は、歴史的に外国から移植され、競走馬の生産をともなわない状態において成立し、さらに公正競馬としての必要から厩舎を競馬場に付属して設置したという歴史的経緯があります。そして戦後しばらく（一九六〇年代ごろまで）は、この制度の弊害がそれほど問題にはなりませんでした。競走馬生産も需

表７‐２　主要競馬国の厩舎制度の概要

	イギリス	フランス	アメリカ	日　本 （中央競馬）	日　本 （地方競馬）
厩舎の形態	外厩制度	外厩制度	内厩制度	内厩制度	内厩制度
調教施設	ジョッキークラブ、調教師馬主所有のもの、あるいは共同施設等各種のものがある	競馬統括団体である奨励協会および障害協会がメイン	競馬場のコース、調教馬場で調教を行う	トレーニングセンター	競馬場のコース、調教馬場がメイン、トレーニングセンターを有するところもある
厩舎の所有者	個人（調教師、馬主）	個人	競馬場が調教師に貸付	日本中央競馬会が調教師に貸付	各主催者が調教師に貸付
開催競馬場への入厩	開催当日あるいは２～３日前に、個人の厩舎から競馬場の開催貸付馬房（繋ぎ馬房）に入厩	開催当日、競走の２～３時間前までに入厩する	当該競馬場以外の競馬場から出走させる場合は、当日または前日より入厩させなければならない	トレーニングセンターから移動	当該競馬場以外の競馬場またはトレーニングセンターから出走させる場合は、当日移動

出典）前掲『よくわかる競馬のしくみ』181頁。

要に追いつけず、馬主数も不足し、競走馬が厩舎を満たさなかったからです。ところが一九七〇年代になると、厩舎制度の弊害が話題になるようになりました。生産頭数が飛躍的に増加した結果、馬の登録頭数が相当に増加し、入厩できない馬がかなりの数に上るという「厩舎の需給不均衡」の問題が生じ、「内厩制度の改善方法が大きな課題となって」きたのです。[*3]

「厩舎の需給不均衡」のなかで、中央競馬の売上が伸び、ＪＲＡは日本競馬のなかで圧倒的優位に立つ組織となりました。そのＪＲＡが、調教師に免許を与えます。免許は馬房数に見合う数しか交付しませんから、ひとたび免許を取得した調教師は、競走馬を厩舎へ入厩させる絶対的権限をもつようになりました。調教師が入厩に関する「独占的地位」を占めているとすれば、調教師の地位はいやがうえにも高まらざるを得ないようになったのです。こうして内厩制度は、閉鎖的な管理競馬をつくるとともに、「馬主と調教師の力関係が逆転」している現象や、生産地にも競走馬流通を始めとする不透明な構造をもたらしてきたのです。

日本の厩舎制度は施行者の一元集中管理のため、①「公正競馬」がより行われやすい、②情報が伝わりやすく（取材や調教タイムを新聞に載せやすい）、ファンサービスが行き届く、というメリットがあります。従来は、日本競馬の歴史的経緯からして、このメリットを生かした厩舎制度だったのでしょう。しかし、時代は変わったのです。以上のようなメリットを生かした、かつ、厩舎制度の弊害をなくすような新たな厩舎制度を考える必要な時代になったと思われます。とはいえ、ことは簡単ではありません。戦後半世紀以上続いた制度であり、この内厩制度を基にした競馬運営、競走馬生産システムができあがっているからです。

じつは、この内厩制度に風穴を開ける試みが、地方競馬である道営競馬で始まりました。競馬ファンならコスモバルク号を知っているでしょう。コスモバルクは、二〇〇三年道営競馬でデビューし、地方競馬所属のまま中央競馬でも、ラジオたんぱ杯二歳S、弥生賞、セントライト記念を勝ち、GⅠレースでも大活躍し、話題になった馬です。あのコスモバルク号は道営競馬認定厩舎制度第一号でした。認定厩舎制度とは、管理調教師（道営競馬の調教師）の元で、民間の育成業者や生産者が、一定の要件を満たし認可を受けた自らの施設を利用し、直接競走馬の調教にかかわることができる制度です。二〇〇五年五月現在二二カ所の認定厩舎があります。外厩制度とはいえませんが、画期的な試みといえるでしょう。今後の動向が注目されます。

＊1　日本中央競馬会では、二〇〇一年に一厩舎あたりの管理可能頭数を馬房数の三倍までとする管理頭数の緩和策を行っている。たとえば馬房数が二〇の調教師なら、六〇頭まで馬を管理してよいことになった。

＊2　メリット制度とは二〇〇二年から始まった制度で、実施されたのは〇四年からである。馬房増減の対象者を割り出す仕組みは、一馬房あたりの出走実頭数、出走延べ頭数、勝利数、賞金、全体の勝率の五項目を偏差値化して評価し馬房数の増減をする。〇四年には東西ともに最下位から五番目までの厩舎の馬房が二つ削減され、最上位から五番目までの厩舎に二馬房が増えることになる。〇五年は上下八位までが二馬房増減の対象となり、〇六年には上下一〇位までが二馬房増減の対象となる。

＊3　競馬制度研究会編『よくわかる競馬のしくみ』地球社、一九九二年、一七八頁。

第67話　いわゆる競馬サークルについて

通称競馬サークルとは、主催者（施行者・統括団体）、馬主、調教師、騎手、厩務員、調教助手、生産者という競馬にかかわる人・組織を総称して呼んでいます（図7-5）。競馬の開催（スケジュール）、運営等の重要案件に関しては、主催者・統括団体である中央競馬会や地方競馬全国協会（地全協）・

全国公営競馬主催者協議会、馬主会（連合）、生産者団体である日本軽種馬協会、調教師会、騎手クラブ・騎手会、厩務員組合等、競馬サークルの組織・団体が協議・調整して決めています。生産対策や産地の要望については、軽種馬農協や軽種馬協会を通じて各サークルや農水省に行っています。

馬主数の動向については巻末表11に載せました。近年、中央、地方とも馬主数は減少傾向にあります。とくに地方競馬の馬主の減少と抹消の激しさが気になります。

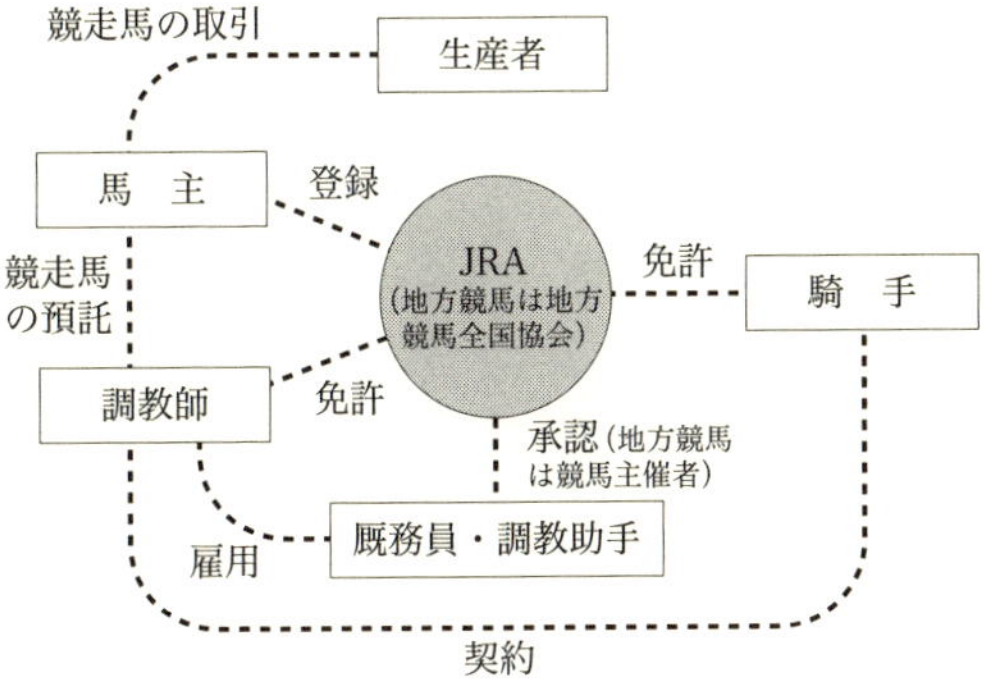

図7-5　競馬サークル

出典）前掲『よくわかる競馬のしくみ』173頁。

次に、厩舎関係者である調教師、騎手、厩務員の許認可についてみていきます。競馬法では、公正競馬の観点から調教師および騎手は免許制であり、競走の種類ごと（平地、障害、ばん曳、速歩）に中央競馬会ないし地全協が行う免許試験に合格した者に与えられています。地方競馬の調教師、騎手の免許は地全協が統一的に実施し、登録免許は全国的に有効です。また、厩務員については主催者の承認が必要です。地方競馬の場合は、地全協が主催者に協力し「認定する」という関係にあります。

調教師、騎手は、各競馬場に所属し、調教師は主催者から厩舎の貸与を受け、馬主と預託契約を結んでいます。さらに、調教師は騎手と騎乗契約を結び、競走馬を出走させています。

調教師は騎手、調教助手、厩務員を雇用しており、馬の調教のほか、これら厩舎従業員の労働管理も重要な仕事になります。調教師の収入は、馬主からの預託料と、出走した場合の進上金（賞金の一〇％）が「基本」です。

騎手は、地方競馬に関してはすべての騎手が調教師に雇用されていますが、中央競馬では調教師に雇用される者と、独立して事業を営む者（フリー）とがいます。騎手の仕事は、いうまでもなく競走での騎乗ですが、調教師が管理する馬の調教を補助することも重要な仕事となっています。騎手の収入は、進上金（五％）の他、調教騎乗の契約料、調教師に雇用されている場合は調教師からの給料などがおもなものです。

厩務員に関して中央競馬は、馬の飼養の補助だけを行う「厩務員」と、調教の補助や調教師の競馬場臨時業務の代行も行える「調教助手」に分けて承認しています。

競馬関係者の養成に関して中央競馬は、一九八一年までは馬事公苑で、八二年以降は競馬学校で実施しています。騎手過程は毎年一〇名前後、厩舎員過程は近年九〇名程度を養成しています。地方競馬は、騎手については地方競馬教養センターで養成しています。

もとより、騎手免許試験は誰でもが受験することができるはずですが、近年、騎手免許の新規取得者をみると中央競馬ではほとんどが、地方競馬においても大部分が、養成機関の卒業生です。もちろん、養成機関による技術・教養の修得は大事なことですが、さらに日本の競馬が高度な騎乗技術で競いエキサイティングな競馬をするためには、いろいろな人の受験機会の拡大と採用に幅をもたせ、人材の獲得が必要なように思われます。海外や中央・地方を問わず、騎手免許をもった者の扱いも柔軟に対処する必要があるように思われます。

調教師、騎手、厩務員の推移は巻末の表12に載せました。中央競馬は、内厩制度の下、調教師、厩舎員はほぼ満度の状態で推移しています。地方競馬は、調教師、騎手、厩舎員は、いずれも近年減少傾向で推移しており、とくに騎手の確保に困難な主催者もあります。

第68話　競馬社会の資金の流れ

中央競馬も地方競馬も、競馬開催を通じて国民への健全な娯楽を提供するとともに、売上の一部が国家財政・地方財政に寄与する役割をもっています。そこで、競馬の売上から国家財政・地方財政に至るしくみを中心に、資金の流れをみていきましょう。

最初に中央競馬です。

中央競馬の場合、まず勝馬投票券の売上の約七五％（単勝・複勝は八〇％）は購入したファンへの払い戻しに充てられ、売上の一〇％は第一国庫納付金として一般会計に繰り入れられます。残りの約一五％と勝馬投票券収入以外の収入（入場料、登録料等）を合わせたものが競馬開催経費に充てられます。毎事業年度の終了後、剰余金が生じた場合は、その二分の一が第二国庫納付金として国の一般会計に納付され、残りの二分の一は特別振興事業等に充てられます。国庫に納付された益金は、その四分の三が畜産振興事業等に必要な経費に、四分の一が社会福祉事業に充てられることになっていますが、実際には一般会計に組み入れられるため、その使途は必ずしも明確ではありません。剰余金の一部が特別振興資金に繰り入れられるようになったのは一九九一年改正によるもので、競馬場周辺の環境整備（競馬振興事業）、国の行う畜産振興事業を補完する助成事業（畜産振興事業）に活用されます（図７-６）。

次に地方競馬です。

地方競馬の場合も、勝馬投票券の売上げの約七五％は購入したファンへの払い戻しに充てられます。売上の二五％のうち、約一％は地全協へ、さらに約一％は公営企業金融公庫に納付されます。残り約二三％は開催経費に充てられ、剰余金が出た場合は地方自治体の一般会計に繰り入れられます（今日ではほとんどありません）。地全協への交付金は、第一号交付金および第二号交付金があります。第一号交付金は馬の改良増殖その他畜産振興のための事業に対する補助金として使われ、第二号交付金は馬主および馬の登録、調教師、騎手の免許など、地方競馬の運営のために使われます。また、公営企業金融公庫に対する納付金は、地方自治体が行う上下水道の整備事業や地域開発事業のために公庫が自治体に貸し出す資金の貸付利率を引き下げるために使われます。しかし、単年度収支が赤字の場合は、翌年度以降において納付金は還付されます。地全協への交付金は売上額に応じた累進性を採用していることから、売上額の高い主催者の交付金額および交付率も高くなります。しか

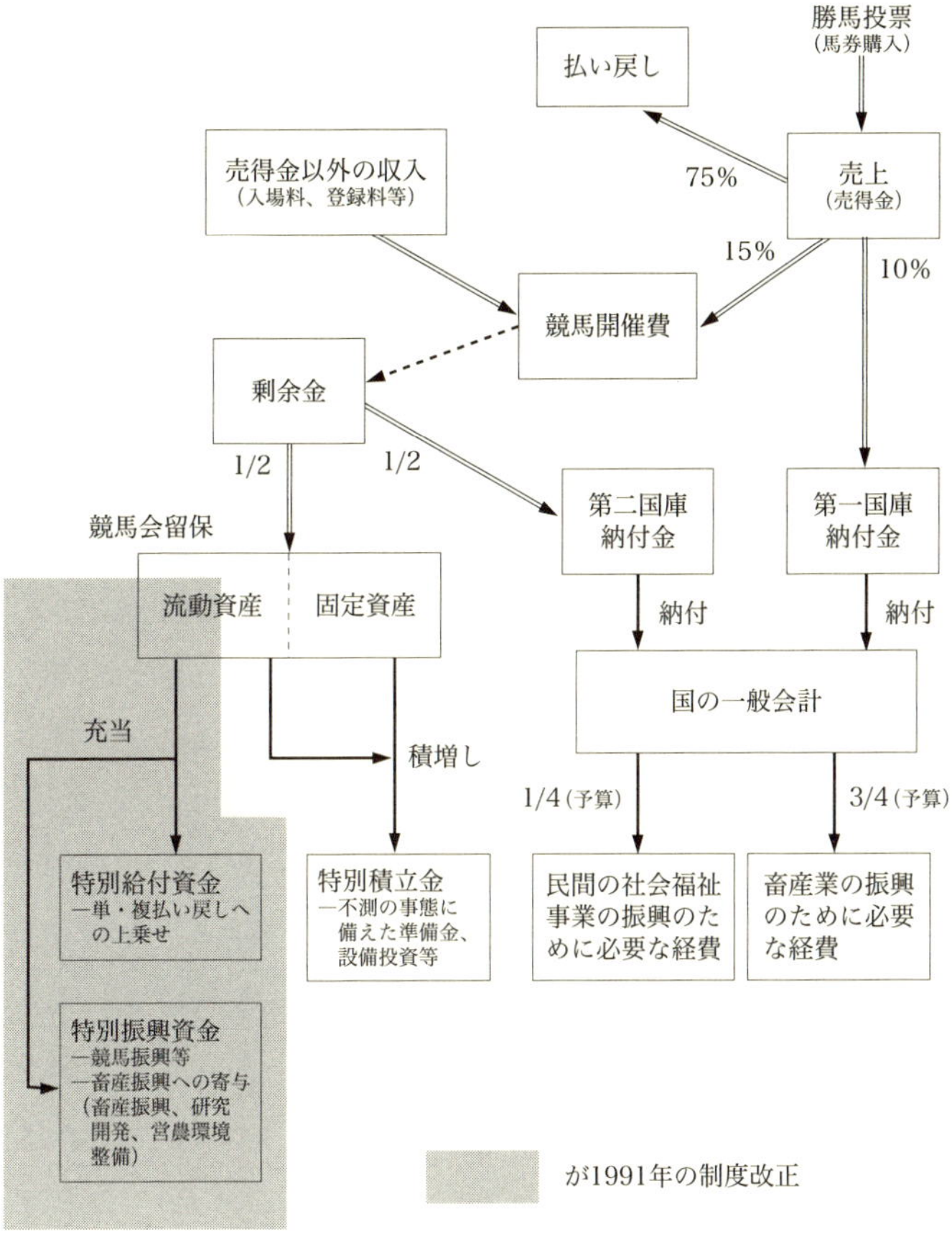

図 7 - 6　中央競馬の売上金の流れ

出典）前掲『よくわかる競馬のしくみ』241 頁。

しながら、地方競馬の交付金は、開催経費がかさみ収益性が低いことに配慮し、ほかの公営競技に比べて交付率が低い水準に設定されており、さらに、近年の地方競馬全体の売上額が減少していることから、地全協への交付金総額は急減しています。

さて、馬産地、馬主、ファン、主催者、調教師・騎手・厩務員などの関係を経済的にあらわすとどうなるのか、競馬産業全体の資金の流れ（経済循環）をまとめてみましょう（巻末図2）。

競馬では、ファンが勝馬投票券（馬券）を購入することから循環は始まります。勝馬投票券購入額は、二〇〇二年には中央・地方合わせて三兆六二三八億円でした。この売上額の多寡が基本となって競馬サークルへの配分額が決まります。

三兆六二三八億円のうち二兆六八七八億円が払い戻しとしてファンに還元され、残りの九三六〇億円とその他収入計九六六〇億円で競馬の運営を行います。九六六〇億円のうち、調教師・厩務員・騎手に四八九億円（進上金、諸手当）、馬主に一一四七億円（賞金・諸手当）、生産者に五五億円（生産牧場賞等）が支払われました。残り七九六九億円のうち、四八八九億円が競馬開催のための整備投資、人件費などの経費として使用され、残りの三二三八億円が国家および地方財政に組み込まれています。

さらに、馬主は、競馬会からの賞金一一四七億円のうち一一五九億円を競走馬事業に投資しています。調教師への預託料等が四九五億円、産地への競走馬購買・預託代金支払が六六四億円となります。馬主経済は一二億円の赤字です（実際はもっと赤字額は多いと推測されます）。調教師・騎手は九八四億円から必要経費を除いた分が収入となります。産地は、馬の販売・育成料と生産牧場賞を合わせて七一九億円の粗収入となります。

競馬産業の売上減は、勝馬投票券（馬券）購入の縮小により、スパイラル的縮小が生じていることがわかります。

第69話　競馬の国際化とは何か？

日本の競馬界は、この一五年のあいだ、国際化問題に揺れてきました。JRAの一九九二年「外国産馬出走制限緩和八カ年計画」「二〇〇〇～二〇〇四年の国際化計画」と二度にわたる国際化計画とそれをめぐる対応・調整があり、また〇三年秋から国際化論議が再燃したようです。では一体、日本競馬にとって国際化とは何だったのでしょう？　何が問題となり、国際化はどう進展したのでしょう？　さらには、本来の国際化はどうあるべきなのでしょうか？
国際化問題は、評価の分かれる問題であり、あるべき姿についてもさまざまな見解がありうるところですが、ここでは私の考えを示しておきましょう。[*1]
みなさんのなかには、なぜ「競馬の国際化」云々を議論するか不思議と思う人もいるでしょう。競馬はそもそも輸入文化・スポーツであり、サラブレッドは発祥の地、ヨーロッパ・アメリカから輸入し、競馬制度も国際基準に合わせるのは当然、つまり、競馬の国際化はあたりまえの大前提だからです。では、なぜ、国際化が問題となったのでしょうか。それは、おそらく、競馬世界が国際的枠組みと国内的枠組みの融合により成り立っているからだと思います。国内的枠組みも、競馬施行・運営の側面と、生産構造の側面があります。競馬の施行・運営は、国によって歴史的に異なる経緯をたどり、主催者、統括団体、厩舎制度、馬券の発売方法、控除率や国庫納付金、公正競馬のあり方なども異なってきたのです。また、生産構造である競走馬の生産・育成・調教の構造やシステム、競走馬生産に関する政策は各国ごとにもっと違いがあるでしょう。

他方、国際的枠組みについても、今日の競馬世界に確固たる「国際基準」があるわけではないのです。先進国である「欧米」の基準に合わせるといっても、その「欧」と「米」とでは競馬体系や基準も違いますし、「欧」のなかでも各国ごとに微妙に異なっています。国際競馬統括機関会議（パリ会議）というのがあり、そこで競馬制度の国際基準「パリ協約」を定めていますが、各国の批准状況をみると、全条項を批准している国はなく、欧米間ですら「完全な国際化」は困難であることが理解されます。

日本の競馬の歴史は浅く、それまで「東洋の端っこ」で独自の競馬スタイルで行ってきました。同じ東洋でも日本は、国内生産をしていない香港やシンガポールとは異なり、一九八〇年代までは、基本的に「内国産主体の競馬」を行ってきました。したがって、急激な「国際化」はさまざまな矛盾やひずみをもたらすことになるのです。日本は、とりわけ国際的枠組みと国内的枠組みの矛盾が大きかったので、国際化に際してはさまざまな影響を生じさせたのです。

さて、一九九〇年代に、それまで「東洋の端っこ」で黙々と独自の競馬をしていた日本競馬に大きな異変があらわれました。この異変が国際化を推進する大きな背景となったのです。国際化を推進する背景・要因には、次の四点があるでしょう。

第一に、八〇年代後半のバブル経済は円高とジャパンマネーを生み出し、日本人が外国の一流競走馬、超一流馬種牡馬を「買いあさる」現象が起きました。他方、日本競馬はブームのなかで興業としては大成功をおさめ、世界一の賞金体系をもつようになりました。当然、諸外国（とくに競馬輸出国）が、日本市場めがけて「国際化圧力」を起こすのは無理からぬことでした。

第二に、競馬の国際社会でのイメージ（ステイタス）アップの課題があります。日本は、国際的な競馬地図（国際セリ名簿委員会の分類）ではパートⅡ国です。日本がパートⅠ国になるには、先進国なみのレースの開放が必要とされるとされています。ＪＲＡとして日本のパートⅠ国入りは、いわば悲願であり、そのためにはレース開放、国際レースの開放が必須条件だったのです。

第三は、ファンの期待と競馬の国際交流の活発化があります。日本でひとたび国際交流やレースの開放が進むと、先進国の国際レースが関係者の話題になります。ファンの眼も肥えてきて、日本の馬と先進国の強い馬とのレースをみたいという声がでてきたのです。

第四は、「内なる国際化」への関心です。競馬の「国際化」を期待する議論のなかには、競馬社会の旧態依然たる厩舎制度を頂点とする「官僚性」「硬直性」を打破する糸口になるという関係者、ファンの期待がありました。

- 競馬の「国際化」
  - (1) 日本国内での受け入れ
    - ①繁殖牡牝馬、競走馬輸入（関税、検疫）＝競走馬の自由化
    - ②外国産競走馬のレース参加（経験馬、未経験馬、招待レース）
    - ③外国人馬主のレース参加
    - ④外国人騎手、調教師、厩務員のレース参加・交流
    - ⑤生産地での外国人の育成、調教
    - ⑥外国産馬の日本市場への参加、日本での種付け
  - (2) 国際社会への進出
    - ①日本産（調教）馬の海外レースへの参加
    - ②日本人馬主の海外レースへの参加
    - ③日本人騎手（厩務員）のレース交流（研修）
    - ④海外での生産活動（牧場経営、育成、シンジケート参加）
      ＊中央競馬、地方競馬の壁
  - (3) 国際交流・制度統一
    - ①関係団体の国際会議への参加（制度の統一）
      主催者間の国際交流、情報交換
    - ②登録・制度の統一
    - ③レース見学・視察等

図7-7　競馬の「国際化」

以上のような国際化圧力・期待の複雑な背景のなかで、国際化問題は進展してきたのです。国際化の背景・要因が多様なら、その経緯・結果も複雑多様なものになりました（混乱がありました）。

さて、国際化問題をふりかえるには、「競馬の国際化」という用語を整理しておく必要があるでしょう。「競馬の国際化」は競馬にまつわる馬、人、金、制度等が国境を越える全体を総称するのですが、しかし、それとても以下の要素を一応は分けて分析する必要があります。競馬の国際化は多様な要素を含んでいますが、大きくは

（1）日本国内での受け入れ

（2）国際社会への進出

（3）国際交流、制度統一

とに分けられるでしょう。

（3）は、（1）（2）の双方とかかわるし、国際化の原点でもあります。さらに、（1）（2）とも、図7-7のように多様な内容を含んでいます。

この間の国際化で、まず、（3）では、「降着制度」「生産者の定義」「馬の年齢呼称」の国際統一が図られました。[*2]（2）で特筆すべきことは、日本の生産馬・育成馬、日本人騎手が世界の舞台で活躍するようになったことです。

しかし、日本での国際化問題を揺り動かしたのは、なんといっても「（1）日本国内での受入れ」、そのなかでも外国産馬の開放問題でした。

その経緯の詳細は省きますが、結局（1）外国での出走未経験馬（㊈馬）の参加できるレース（混合レース）は、全レースの一九九二年の三五％（八八年一五％、八九年二〇％、九〇年二五％）から九八年に五五％にする（〇四年まで）、（2）出走経験馬（外馬）の参加できるレース（国際競走）は、九〇年の二レースから二四レースにする、（3）クラシック、天皇賞は外国産馬枠を設けて開放する、となりました。これらの国際化が国内の生産構造に与える影響は決定的でした。

＊1　岩崎徹『競馬社会をみると、日本経済がみえてくる――国際化と馬産地の課題』（源草社、二〇〇二年）では、日本競馬の国際化に関する経過、問題点、生産構造・産地への影響、競馬社会への影響、今後の方向

性について詳しく述べているので、参照していただきたい。
＊２　同右、二五〜二六頁参照。

第70話　国際化はどうあるべきか

ＪＲＡの二度にわたる国際化計画もあって、日本競馬の国際化は進みました。外国産馬のレース（混合レース）が過半を超え、ペリエ、デムーロ、デザーモなど外国人騎手の騎乗は日常的になりました。ジャパンカップなど国際レースでは外国の人と馬が、華やかに競馬場を飾るようになりました。また、海外での日本産馬・日本調教馬や武豊を始め日本人騎手の活躍も目立つようになりました。日本競馬のレベル、レースのレベルは著しく向上したのです。産地でも、国際化に対応した生産・育成のスタイルが定着しました。

では、日本競馬の国際化は「万々歳」であり、国際化計画とその経緯・対応に問題はなかったのでしょうか。

前話の図７-７をもう一度見てください。すると、この間の国際化はアンバランスであり、競走馬のレース参加だけが突出し、騎手の参加を除いて（一九九三年に三カ月の短期免許制度ができた）、馬主、調教師、厩務員の参加はまったく（国際レースの場合以外は）行われていないことがわかります。

外国産馬のレース開放問題では、一九九一年秋にＪＲＡと生産者団体との攻防はあったものの、その後は数値（五五％の開放率と二四の国際レース）の数合わせに終始したように思われ、日本競馬の国際化を総合的、長期的にどう進めるかの議論はほとんど（まったく?）なかったようです。この点では、「国際化計画」を提示したＪＲＡも、これに対峙してきた生産者団体も、ともに総合的、長期的展望をもった国際化の方向性を示せなかったという意味では同罪であった、というのが私の感想です。

それとともに、日本競馬にとって天皇賞やクラシックとは何か、どう位置づけるかはもっともっと重要であったと思います。天皇賞やクラシックは部分開放、つまり「枠を設けた開放」という姑息な結論ですむ問題ではなかったはずです。たとえば、天皇賞には今日でも騸《せん》馬（去勢馬）は出られないのですが、それは(父)（父内国産馬）の種牡馬の血を日本に残すことにあったと説明されてきたのです。また、ＮＨＫマイルカップというＧⅠを新設したのは、ダービーを開放しないからと誰もが（少なくとも私は）考えたものです、あれは何なのだったのでしょうか。そのほかの重賞競走の変更にしても、レース体系の確立やこの国の競馬の目標を示しているとは、私には思えません。

今となっては仕方がないのですが、外国産馬開放問題も日本の競馬の総合的な長期展望をさし示す方向性が必要だったように思います。たとえば、三歳春までは開放せずに、外国産馬と内国産馬とは別々の体系を組み、秋に両者を戦わせるとか、または、フランスのようにＧⅠレースはすべて開放し、その代わりそのレースの入着賞金を内国産馬は倍にするとか、誰にでもわかるレース体系のビジョンを示す必要があったのだと思います。

ところで、この間ＪＲＡは、国際化に関して提案するとき必ず「内国産馬主体の競馬」といってきました。では「内国産馬主体の競馬」とは何を意味するのでしょうか。ＪＲＡはかつて明確な説明をしてきたとは思われません。私は、「内国産馬主体の競馬」とは、「国内生産基盤の強化に役立つ国際化」と定義したいのです。また、ＪＲＡは「強い馬造り」をスローガンとしてきました。私は、「強い馬造り」は「強い生産基盤造り」があって初めて成り立つものと思います。

国際化というのは相手を理解し、自分を理解し、自分の個性を出すというのが本当の国際化だと思います。そして、私の主張は「日本に根ざした競馬文化の確立」です。日本競馬の独自性、創造性を求めながら、「国際化」をどのように受け入れるか、日本競馬の発展と競馬の「国際化」をどう両立・統一するか、が問われてきたように思われるのです。

競馬は、それぞれの国の馬文化の集大成です。イギリスにはイギリスの競馬があるように、日本には日本独自の競馬があってよいと思います。たとえば、アメリカ、フランスでは速歩競走、イギリスでは障害競走がレースの過半を占めています。また、アメリカのＧⅠの七〇％はダートであるというように、競馬はそれぞれの国の馬文化の集大成です。私が述べてきた日本の大衆競馬は、誇るべき日本の競馬の到達点だと思います。国際化と日本に根ざした競馬文化の融合をいかに考えるかが大事だと思っています。

そして、これが大切なことですが、この本でみてきたＪＲＡの一人勝ち（近年、売上は落ちたとはいえ）、社台ファームグループの一人勝ち、逆にいえば地方競馬の衰退と日高牧場・家族牧場の衰退は、間違いなく日本競馬の国際化の結果、国際化の直接間接の影響でしょう。これらのことを日本競馬の発展とするかどうかは評価の分かれるところですが、私は手放しで喜ぶことはできません。国内生産基盤が弱くなってきたのが、国際化の一つの結果だとすると、この間の国際化に問題はなかったとは必ずしもいえないような気がしますが、どうでしょうか？

　この二話は少し重く理屈っぽい話でしたが、重要な問題と思います。

第71話　日本競馬の将来像を語り合おう！

　日本の競馬は現在、大きな曲り角に立っています。あれほど隆盛を誇った中央競馬も数年前より売上に陰りがみられ、多くの地方競馬は存亡の危機にあります。馬産地も瀕死の状態です。二〇〇三～〇四年に農水省は「我が国の競馬のあり方に係る有識者懇談会」で、これからの競馬のあり方について議論し、その結果、競馬法の改正に漕ぎつけました。農水省の懇談会は、おそらく歴史に残る大きな「懇談会」であり、〇四年競馬法改正も従来にない大改正でした。関係者の努力と苦労に敬意を表したいと思います。

　これからは、私が述べてきたような、「競馬の目的と理念」(第62話)、「地方競馬を含めた日本競馬のあり方」(第64話)、「厩舎制度のあり方」(第66話)、「競馬資金の使い方」(第62話と68話) 等々、「日本競馬の将来方向」を語り、「産地の将来」を語ることが必要とされていると思います。しかし、驚くべきことに、日本には競馬・馬産の問題点や将来像を議論する公的な場がないのです。およそ日本の農業（米・酪農）、地場産業や特定政策（教育、福祉）を議論する場は、各省庁に各部局・課があって、審議会とその事務局があります。ところが、わが競馬に関しては、日本の競馬をどうするべきかという議論をする場も担当部局もないのです。農水省の監督課というのは、あくまで競馬法が守られているかどうか監督するところであり、本来「競馬のあり方」を議論するところではありません。農水省生産局畜産部畜産技術課に馬事班がありますが、ここも馬産経営に責任をもつところではありません。農水省の責任は、法律的には競馬監督と馬の改良目標だけです。つまり、競馬の目的をどうするか、競馬体系をどうするか、馬産をどうするか、議論する場はないのです。先の農水省「あり方懇談会」は、あくまで農水大臣の「私的」懇談会でした。

ＪＲＡがあるのではないかと思うでしょう。しかしＪＲＡは、政府全額出資の特殊法人ですが、あくまで一企業です。地方競馬は、ある意味ではライバルなのです。ＪＲＡは、道義的には責任があると思いますが、形式からいえば日本競馬全体に対する責任組織ではないのです。地全協には初めからそういう責任はありません。したがって、日本競馬のグランドデザインを描くところは残念ながらないのです。ですから、競馬関係者やファンがこれから日本の競馬像を議論する公的な場をつくるよう働きかけましょう。

日本競馬の特徴は大衆競馬です。競馬ファンは日本競馬の大事な構成員であり、サポーターでもあります。ですからファンのみなさんも、日本競馬の将来を、競馬像を語り合っていきましょう。

第8部

馬産地と地域経済

第72話　ＧＩの地域分布――社台ファームグループの飛躍

日高地方の競走馬生産を語るとき、社台グループ(旧社台ファーム)の動向を把握することが欠かせません。日高の生産者にとって、社台グループはある意味ではライバルであり、目標でもあるからです。そこで、社台グループの動向を確認するために、中央競馬における賞金獲得やＧＩレースにおける社台グループの位置をみてみましょう。

社台グループは、ノーザンテーストの成功によって、一九八五年時点ですでに勝利回数(一七〇勝)、勝馬頭数(一一九頭)、獲得賞金(二四億円)のすべてにおいて首位生産牧場の位置を占めていました。しかし、この段階ではまだ、数ある名門牧場の一つに過ぎませんでした。

一九九五年になると獲得賞金は二・七倍の六六億円に、勝利回数(三二二勝)、勝馬頭数(二一一頭)も約二倍に増加します。この結果、全三三八九レース中三一二レースと、ほぼ一〇レースに一レースの割合で社台の馬が勝っていることになり、他の生産牧場を大きく引き離すようになります。

そして二〇〇四年にはさらに他の生産牧場を圧倒し、全三四五二レースに五一七九頭と一レースに一・五頭が出走し、勝利回数は六三七と一日のレース数一二レース中二レースを社台グループの馬が制する計算となりました。獲得賞金はグループ全体で一五一億円、全賞金の二三％を占め、まさに「一人勝ち」の様相を呈しています。

社台グループの勢いは年を経るごとに強くなっています。このことは、ＧＩレースの優勝馬をみ

表8-1　社台グループの勝利数・獲得賞金（中央のみ、獲得賞金上位の牧場）

		出走回数	勝利回数	勝率（%）	出走頭数	勝馬頭数	勝馬率（%）	獲得賞金（万円）	中央賞金額の比率
2004	ノーザンファーム	2113	292	13.8	448	201	44.9	647 334	
	社台ファーム	1936	209	10.8	415	149	35.9	524 720	
	社台コーポレーション	819	99	12.1	168	69	41.1	272 711	
	追分ファーム	311	37	11.9	60	26	43.3	64 718	
	社台グループ合計	5179	637	12.3	1091	445	40.8	1 509 482	23.1
1995	社台ファーム	2424	312	12.9	429	211	49.2	663 133	10.9
1985	社台ファーム	1506	170	11.3	244	119	48.8	243 434	6.7

注）1.「社台グループ合計」は、社台ファーム、ノーザンファーム、白老ファーム、追分ファームの合計である。
2. 中央の数値は平地＋障害レースの集計であり、1985年と95年にはアラ系のレースも含まれている。
3. レース数の合計は、1985年：3093、95年：3389、04年：3452。
4. 中央競馬総賞金額は、1985年（アラ系レース除く）：363億7851万円、95年：606億2684万円、04年：653億6870万円。

資料）前掲『JBBA NEWS』1996年1月号、2005年2月号、および同協会資料より作成。

ることからもわかりますが、一九九五年が一つの転換点となっています。表出していませんが、八五年における社台グループのGI勝利はギャロップダイナの天皇賞（秋）ただ一勝のみであり、前年の三冠馬シンボリルドルフ（天皇賞（春）、ジャパンカップ、有馬記念の三勝）とシリウスシンボリ（日本ダービー）を擁するシンボリ牧場が目立つほか日高管内の個人牧場からもGI馬が多数輩出されていました。

一九九五年は、外国産馬の出走制限が緩和されるなかで(外)旋風が吹き荒れ、GIレースの優勝馬においてもダンツシアトル、ヒシアケボノといった外国産馬のほか、ハートレイク、ランドといった[外]馬の名前がみられます。一方

図８-１　日本の競馬・馬産を大きく変えた種牡馬
サンデーサイレンス（1986-2002）

で、この年の三歳世代（当時の表記では四歳）がサンデーサイレンスの初年度産駒であり、サンデーサイレンス産駒の活躍によって社台グループはクラシックを中心にＧⅠに四勝するなど、急激に勝利数を増やしたのです。こうして、外国産馬対サンデーサイレンス（社台グループ）という構図ができあがりました。

そして二〇〇四年、全二一レースへと増加したＧⅠレースのうち、社台グループが一一頭一四勝（ゼンノロブロイが三勝、キングカメハメハが二勝）と三分の二を制するまでの大躍進を遂げるようになりました。さらに、ここにみられる一一頭の優勝馬だけではなく、社台グループの馬がＧⅠレースの上位を独占するということも、珍しいことではなくなっているのです。

このように、ノーザンテーストを足がかりにトップブリーダーとなった社台グループは、サン

表8-2　GⅠレース勝馬の生産牧場の地域別分布

年	1995	1996	1997	1998	1999	2000	2001	2002	2003	2004
GⅠレース数	16	20	20	20	20	21	21	21	21	21
社台グループ勝利数	4	6	1	1	3	3	7	2	7	14
外国産馬・外国馬	4	3	7	7	5	3	7	8	5	1
その他牧場勝利数	8	11	12	12	12	15	7	11	9	6
えりも			1	1						
浦河	1	1	4		3	7	5	2		1
三石								2	2	1
静内	2	4				2		4	2	2
新冠	3	1	4	3	1	3		1	1	
門別		1	1	2	5	1	1		3	2
平取		2		1	1	1				
胆振	2	2	2	4	2	1		1	1	
十勝（大樹）				1				1		
東北（青森）							1			

注）「社台グループ勝利数」は、社台ファーム、ノーザンファーム、白老ファーム、追分ファームの勝利数の合計である。
資料）前掲『JBBA NEWS』1995年5月号～2005年2月号より作成。

デーサイレンスによって中央競馬を席捲し、今日では絶対的な地位を築きあげたのです。この背景には、多数の有力馬を擁する層の厚さ（たとえば牡馬クラシックだけみても、一九九五年はフジキセキがリタイアしても皐月賞とダービーを制し、二〇〇四年は三冠をそれぞれ違う馬で勝っている）と、そうした馬を購入できる馬主（代表的なところでは近藤利一氏、金子真人氏、関口房朗氏など）の存在も大きいといえるでしょう。

第73話　日高の牧場と社台ファームグループ

今回は、日高の牧場と社台グループとの関連についてお話しします。社台グループは、第28話、第72話でみたように、日本最大の競走馬牧場であるだけでなく、世界のトップ牧場の一つに数えられるほどになりました。

社台グループは、種牡馬ビジネスの形成、競走馬商社の展開、産地育成の導入等々、日本競馬の発展段階で先駆的な対応を行ってきており、日本の競走馬産業の発展に大きく寄与した牧場です。日高の生産者は、社台グループの発信する技術・事業方式を模倣することで、競走馬生産のレベル（資質面、技術面）を向上させてきました。逆にいえば、社台グループは、日本の馬産地に先進技術を普及する役割を果たしてきたといえます。しかし、日本の競走馬産業においては、社台グループのみが単独で存立しているわけではなく、ただ一人生き残れるわけでもありません。社台グループの育成部門や生産・販売部門、競走馬部門は、馬主や牧場、競馬産業を相手にした事業であり、需要面の経済状況に売上が左右されるのは、他の生産者と同様です。とくに、社台グループの事業の柱である種牡馬事業は、日高の牧場との関係で成立してきたのです。つまり、「社台グループは日高の牧場なしに存立し得ない」という側面をもつのです。

社台グループは、サンデーサイレンス（二〇〇二年死亡）、ダンスインザダーク、フレンチデピュティ、サクラバクシンオーなど日本でトップクラスの種牡馬を多数所有しています。表８-３

表8-3　社台グループ種付事業実績と日高地方シェア（2000年、単位：万円、%）

	社台グループ種付頭数	社台グループ種付総額 A	構成比	各地域種付費総額 B	社台スタリオン種付割合 A/B
えりも	24	7 280	0.6	19 882	36.6
様似	50	19 220	1.6	41 421	46.4
浦河	386	158 470	13.2	319 767	49.6
三石	162	54 800	4.6	134 203	40.8
静内	301	121 420	10.1	249 352	48.7
新冠	314	145 750	12.2	260 121	56.0
門別	395	167 430	14.0	327 223	51.2
平取	54	22 580	1.9	44 734	50.5
日高計	1686	696 950	58.2	1 396 702	49.9
社台グループ	590	450 100	37.6		
他地区	147	50 300	4.2		
総計	2423	1 197 350	100.0		

注）各地域種付費総額は、馬クラスター研究会（代表：岩崎徹）「馬産業の経済波及効果と馬クラスターによる地域活性化—日高地域における軽種馬関連産業の構造分析」『ノーステック財団研究開発支援事業 2002 研究成果報告書』北海道科学技術総合振興センター、2002年による。

資料）道新スポーツ馬事通信部『種牡馬特集号 2000年』、ジェイエスノミネーションセール資料、2000年、前掲『軽種馬生産統計』より小山良太氏作成。

は、二〇〇〇年の社台スタリオンステーションの種付実績と地域分布です。合計二四二三頭の種付実頭数のうち一六八六頭（六九・六％）が日高で種付けされているのです。グループの種付繁殖牝馬五九〇頭分の種付料四五億円は預託馬を除いては実際には売上に計上されずに、日高分約七〇億円が種付売上となります。日高管内の町村別では、門別、浦河、新冠の利用が多くなっています。他地区は、十勝の大樹ファーム、胆振のメジロ牧場、西山牧場という大手牧場がほとんどです。各地区ごとの種付費総額に占める社台グループの割合は、日高全体で四九・九％となっています。これは種付頭数ベースでみると、日高の種付繁殖牝馬八七〇三頭の二〇・五％を占める数字です。社台

図８-２　日本一のスタリオン、社台スタリオンステーション（胆振・早来町）

グループの種牡馬事業は、日高の生産者の利用により成立しているといえるのです。

また、育成馬は一〇一〇頭飼養していますが、グループの繁殖牝馬は五二〇頭ですから、推定預託料収入一五億三千万円のうちの、かなりの部分は日高生産者との関連で成り立っていることになります。さらに、社台繁殖牝馬セールでは七五頭・六億七千万円が販売されましたが（二〇〇〇年）、購買者の多くは日高の中小生産者でした。そしてさらに、頭数は不明ですが社台グループが日高の牧場に預託する馬も多数ありそうです。グループ関連商社が販売する馬具・飼料・資材等は、日高の生産者の顧客によって成り立っています。海外から社台グループが導入する種牡馬、繁殖牝馬の導入資金も、その何分の一かは、この循環によってもたらされているもの事実ですし、このことをもっとも重視しているのも、ほかならぬ社台グループであると思います。

以上のように、社台グループと日高の牧場は競争関係にもありますが、同時に共存関係にもあります。社台グループにとって日高の牧場は「ライバルであると同時にお客さん」ですから、「お客さん」の不振は、遠からず社台に跳ね返ってくるのです。

さて、これからの種付けの動向をどうみたらよいのでしょうか。これまで日高の家族経営層は種付投資を高める選択をしてきました、しかし、どん底の不況が進展するに至って、これからは種付投資を抑えざるをえません。また、需給調整が進むなかで繁殖牝馬飼養規模も縮小傾向にあります。これからの種牡馬事業は、これまで通り順調にいくとはかぎりません。さらに、産地育成も社台グループ並の技術力が浸透していく可能性は高いとみてよいでしょう。育成施設に関しても、浦河にあるBTCのように、個々の育成預託馬は小規模でも大規模施設を共同利用することで投資を抑制し、技術を向上させるという動きも出現しているのです。今後の動きに注目しましょう。

第74話　日高地方の地勢的特徴――櫛の歯構造

日高地方の地図を広げてみてください（第13話に略図）。まず目に入るのは、山が多く、面積が広いことでしょうか。面積は四八三八平方kmで、和歌山県（四七二二平方km）や福岡県（四九六六平方km）に匹敵する広さです。東西は一一二km、南北は一二〇kmに及び、東は日高山脈をへて十勝、上川地方に、西は夕張山地をもって胆振地方に接続、これらの山地と太平洋に囲まれているため、平場部分が極端に少なく耕地面積は狭いのです。そのため耕地率は、戦前はわずか三％、現在もようやく八・三%(二〇〇〇年)にすぎません。耕地に関しては、北海道でも最小の条件不利地域であるため、規模拡大が求められる土地利用型の農業が成立しにくい地帯です。

そして、日高山系の分水嶺に源を発している沙流、門別、厚別、新冠、静内、三石、元浦、幌別、様似、幌満、歌別など大小三〇の河川は、蛇行が少なく、互いに並行して北東から南北に向き、太平洋に注いでいます。また太平洋に沿った海岸線は一六五kmに及び、この海岸線に沿って発達した海岸段丘と、河川に沿って形成された狭小な沖積地とがこの地方で唯一の平坦部を形づくっていますが、馬産地帯はこうした沖積地の比較的海寄りの地域と海岸段丘面を中心に展開しています。

日高地方は、地勢的には独特の構造をもっています。山地より沢沿いに小河川が並行し海に注ぎ込み、河川に沿って形成された狭小な平坦部に農業が立地する土地利用の構造を、われわれは「櫛の歯構造」と呼んでいます。太平洋岸の海岸線を「櫛の柄」とすると、河川が「櫛の歯」にみえるからです。そこで成立する第一次産業は、河川の下流域から上流域にかけて漁業、水稲、畑作・畜産、林業の順に立地しています。このような「櫛の歯構造」は、道南全般や留萌、さらには宮崎県、大分県、和歌山県の海岸線の地域にも存在しています。

日高地方は北海道のなかでは温暖で、冬の雪や凍結も少ない地域です。そして「櫛の歯構造」のため、「野あり山あり、海あり川あり」で「山の幸、海の幸、川の幸」の豊富なところです。農産物も、米、畑作物、野菜、花卉、肉牛、酪農とあらゆる作目がつくられてきました。さらに、長い海岸線、日高山脈、起伏に富んだ地形と景観にも優れています。日高地方は、その意味では自然

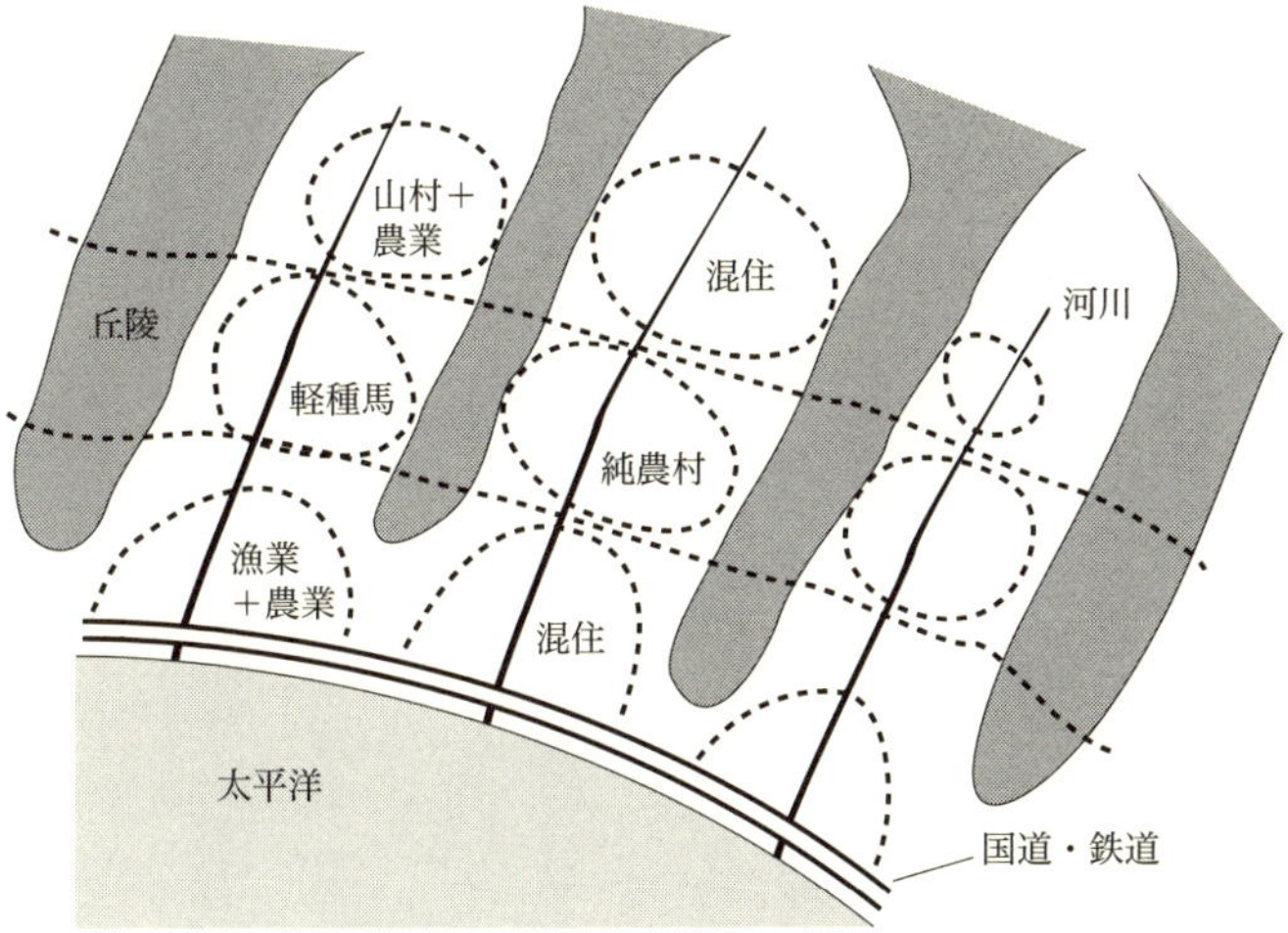

図8-3　「櫛の歯」状の集落立地構造

出典）七戸長生「日高・胆振の農業構造」『北海道農業の切断面』北海道農業構造研究会、1986年、7頁。

の富、自然の姿の美しい「宝の山」「宝の地」なのです。耕地は少ないけれど、この「宝の地」を地域として生かせるかどうかが地域活性化の要であると思います。

しかし、「櫛の歯構造」には弱点もあります。「櫛の歯構造」という地形のため、耕地面積が狭いだけでなく、歴史的に集落間の交流は少なく分断、孤立状態におかれ、住民の視野は狭く、協力関係が鈍いといわれています。道南地方は、北海道のなかでは歴史が古いため「共同体的性格」が強く、「櫛の歯構造」と相まって、特殊な集落社会の形成と意識構造を生み出しています。そのため、地域内の農業部門間、集落間、地区(沢)ごとの連携・交流を妨げ地域農業、地域産業との有機的関連をあまりもたないという弱点です。今後は、この弱点を克服することが、競走馬生産にとっても、地域活性化にとっても鍵となるでしょう。

第75話　日高地方の農業と社会

前話で日高地方の地勢的特徴をみましたので、今回はそこで展開された農業形態や社会についてみていきましょう。

北海道は、大河川や大平野、台地の開発によって土地利用型・専業型の大規模農業を展開してきました。石狩川流域（空知・上川・石狩）の米地帯、十勝・網走の畑作地帯、根室・釧路・天北の酪農地帯です。これら中核地帯に比較して、日高地方は北海道の農業地帯区分では非中核地帯に位置します。非中核地帯は、日本海沿岸部、海峡部、太平洋沿岸西部、札幌市近郊があてはまります。

非中核地帯の特徴は、周辺を海と山に囲まれ耕地面積が狭小な中山間地帯であり、それゆえ耕作規模が小さく零細な農民層により構成されてきました。これらの地帯の農業は、かつては米麦プラス雑穀を中心とした、主品目をもたない多様な作目生産によりその存立を維持していました。しかし、米の生産調整以降、地域農業の危機意識は中核地帯よりもはるかに大きく、さまざまな振興策を講じてきましたが、全体的にみて構造転換は中途半端な達成に留まってきました。このなかにあって、日高地方は競走馬の産地として、構造転換を遂げた特異な地域であるといえます。

戦前の日高農業の中心は大豆、小豆、あわ、そば、馬鈴薯などに大麻、藍、漆などの工芸農産物を加えたものでした。戦後もしばらくのあいだは戦前の農業構造を維持していました。日高地方の農業構造を決定的に変えたのは米の生産調整政策です。日高地方の稲作は、戦前から河川の沖積地に作付けされ、三石米、静内米という北海道のなかでも良質米地帯として位置づけられてきました。しかし、日高地方は北海道のほかの水田地帯に比べ面積が小さく、規模拡大による構造転換によって活路を見出すには困難な地帯です。米の生産調整は一九七〇年より始まりましたが、ちょうどそのころに競馬ブームが起こりました。あっという間に水田が牧草地に代わり、米が競走馬にとって代わる主役になっていったのも無理からぬことです。前話で、「櫛の歯」構造は、海岸よりから、水田、畑、畜産の順に農業形態が変わるというお話をしました。日高に競走馬が入り込んでからは、この構造が変わり、すべての地目に競走馬が入り込むようになったのです。

日高支庁管内の農業粗生産額の推移をみると、一九六五年に競走馬は二二％だったのが、七〇年にはあっという間に六三％となり、以降は六〇～七〇％台と主役の座を務めるようになるのです。現在（二〇〇三年）の日高支庁管内の農業生産額は、畜産が八五％、そのうち競走馬が七〇％前後を占めています。日高各町によって農業構造は異なるのですが、競走馬生産の比率は浦河町の九二％、様似町七八％、静内町八〇％、三石町七二％、新冠町六四％、門別町六三％と、えりも町三一％、平取町一五％以外は六〇％を超えています。日高町には競走馬はいません。

日高地方の社会的、産業的にみた特徴について、簡単にみておきましょう。

日高地方の人口密度は小さいのですが、人口は海岸部と河川の流域の限られた地域にのみ分布しています。この点は、開発地域である道東・道北に比べ集落は密居・集居の比率が高いことによって示されます。生産年齢人口構成比では、高齢層割合が比較的高く、失業人口の多さ、生活保護率の高さと相まって、所得水準は全国的にはかなり低位に位置づけられています。専業農家地帯にしては第二種兼業農家率も高く、在村離農が多い地域です。日高地方は、北海道のなかでは比較的温暖であること、市街地における生活集積の高いことなどによって、高齢者・生活保護者も生活でき、在村離農の条件が比較的恵まれた環境にあるからでしょう。また、日高地域の産業の特徴は、建設業の割合の高さ、商業、工業の低さと事業規模の零細性によって示されます。

農業における農地面積の狭隘さと競走馬生産への特化の構造は、日高地域の「櫛の歯構造」という地勢と歴史的に形成された産業の未発展とが相まって形成されたとみることができます。

第76話　馬産と関連産業・関連団体

競走馬生産は、生産、育成、流通、消費(競走馬)という各段階でさまざまな関連産業と密接な関係をもつことで成立しています。それらは生産地周辺に集積し、馬産地帯を形成します。競馬先進国でも、イギリスのニューマーケット、フランスのシャンツィイ、アイルランドのダブリン、アメリカのケンタッキーなどの競走馬集積地があります。日本の場合は、北海道日高地方が最大の馬産地であり、集積度合は他の先進国をしのいでいます。

表8-4　日高における競走馬関連産業の枠組み

	経営	生産	飼養・育成	販売
狭義	金融業 建設・土木業 保険、共済 コンサルタント	飼料 肥料 生産資材 農機具 種牡馬 繁殖牝馬	獣医・診療 馬具業者 育成専門業者 装蹄・削蹄 馬輸送業	公設市場 民間市場 家畜商 コンサイナー ピンフッカー
	商業	観光	馬事文化	競馬関係
広義	宿泊業 商店街 サービス業 タクシー・バス 飲食店	観光施設 土産業 テーマパーク ふるさと案内所	乗馬 イベント ホースセラピー 研究機関 教育機関	産地競馬（門別） ファン来場 草競馬 養老・観光牧場

馬産に直接関連する仕事としては、獣医、装蹄、馬輸送、馬具、飼料等生産資材、共済・保険などがあります。これらを狭義の関連産業とします（表8-4）。われわれ「馬クラスター研究会」が二〇〇〇年に調査した結果によると、日高地方にある関連産業の業者・業者団体数と推定経済規模は以下のようになります。[*]

獣医・診療（二団体＋四五人）＝八億七千万円
装蹄・削蹄（四五人）＝三億八千万円
馬輸送（九社）＝一八億円
馬具（七社）＝二億円
生産資材（八農協、一一社）＝三七億円
共済・保険（一団体、五社）＝八億二千万円

小計が約七八億円となります。

これに、種付け（五団体、一五種馬場）＝一三九億円、育成（一三〇戸）＝五六億円を加えると、総額で約二七三億円となります。この計算は、買い手、売り手が交互にからみ合い、ダブルカウントされますから単純に市場規模とはいえませ

図８-４　競走馬商社・ジェイエスの事務所。クラブ法人の事務所も兼ねる

んが、かなり大きな金額となります。同年の競走馬生産の販売額（市場規模）は三六六億円ですから、関連産業が生産額の七五％となる計算になります。両者を合計すると六三九億円となっており、競走馬関連産業の波及効果の大きさがうかがえます。さらに、日高管内の競走馬貸付は総額で四一二億円であり、うち市中銀行（六行）が一一九億円（二九％）、農協系統（八農協）が二九二億円（七一％）となっています。市中銀行は総貸付額の一一％を、農協系統は六八％を競走馬産業へ供給しています。これらは、長期的な投資資金と短期間の営農資金として使用されていますが、事業主体の性格から前者は市中銀行・農協であり、後者は農協が多くなっています。

以上のことから、日高地域は、競走馬産業が集積・形成され、馬産地として成熟した段階に到達していることが示唆されます。競走馬は、経済波及効果が大きい品目であり、生産→販売という直線的な流れに、さまざまな関連産業がクラスター的に加わることで、一つの産業を形成していることがわかります。分析に入れていない、広義の関連産業（商業、建設業、飲食店、ホテル・観光業、運送業、乗馬など馬事文化関連、競馬施行面）を加えれば、さらに大きな産業として位置づけられます。最近よく取りざたされる地方競馬場の廃止問題も、このような背景でみると、馬産地である北海道経済にとってはけっして小さな問題ではないといえます。

また、競走馬産地にはさまざまな関連団体が存在します。競走馬専門団体（日本軽種馬協会、日本軽種馬登録協会、装蹄師会、育成公社、競走馬育成協会、日本競走馬協会等）、農業団体（専門農協、総合農協、農業改良普及センター、共済組合、振興会等）、それに民間の競走馬関連商社、金融機関、損害保険会社や関連産業組織などが存在します。また、競馬マスコミ、情報産業も加わります。当然ながら農水省や自治体も、競馬や競走馬生産の監督・指導や補助・援助をしています。

これら団体の性格や役割を詳しく説明したいのですが、紙幅の関係で競走馬商社についてだけ触れておきます。

競走馬生産が定着した一九八〇年代になると、ブラットストックエージェンシー（BSA）と呼ばれる商社が次々と設立されました。サラブレッド・ブリーダーズクラブ（門別）、ジェイエス（静内）、レックス（静内）、荻伏ブリーディングシステム（荻伏）、ジャパン・レースホース・エジェンシー（浦河）などです。これら商社のおもな業務は、種牡馬の導入、スタリオンの管理運営、ジンケートの結成・株の売買の斡旋、競走馬保険の代理などです（表8-5）。

表８-５　競走馬商社の業務内容

		ジェイエス	CB サービス	ジャパン・レースホース・エージェンシー	サラブレッド・ブリーダーズ・クラブ	レックス
設立年度		1974	1979	1970 年代	1981	1987
所在地		静内	静内	浦河	門別	静内
主な出資者		静内の生産者	早田牧場	浦河の生産者	内地オーナー、門別の生産者	大手牧場、内地オーナー
業務内容	シンジケートの売買・斡旋	○	○	○	○	○
	ノミネーションセール	○				○
	種牡馬の導入	○	○	○	○	○
	種馬場（スタリオン）運営および提携	アロースタッド、静内スタリオンステーション	CB スタッド	イーストスタッド	ブリーダーズ・スタリオンステーション	レックススタッド
	繁殖牝馬セール	○				○
	競走馬保険の代理店	○	○	○	○	○

資料）各商社の業務案内、パンフレット、スタリオンブック等より小山良太氏作成。

＊　馬クラスター研究会報告書（岩崎徹代表）『馬産業の経済波及効果と馬クラスターによる地域活性化――日高地域における軽種馬関連産業の構造分析』二〇〇二年。

第77話　専門農協と総合農協

日高地方には、二種類の農協組織が存在しています。専門農協である日高軽種馬農協（日高全域）と各地域の総合農協です。軽種馬農協は、金融事業をもたないこともあり、多くの生産者は専門農協と総合農協に二重加入しています。競走馬牧場とりわけ家族経営牧場では、この二つの農協の支援があって初めて競走馬経営が可能となったし、二つの農協がなければ「優駿のふるさと日高」は存在しなかったといっても過言ではありません。

日高軽種馬農協は、農協法に基づいて一九六一年に設立されました。これは、二八年に設立された日高畜産組合の流れをくむ組織であり、農協設立の背景には、農政のなかに明確な位置づけを失い、総合農協の事業を利用できなかった競走馬生産者の運動がありました。軽種馬農協は、競走馬生産の指導、競馬・競走馬政策に関する提案・交渉のほか、経済事業としては市場事業（セリ市場）、種牡馬事業、診療事業（防疫・衛生・診療）が三本柱として位置づけられてきました。

これとは別に競走馬の全国的生産者団体として日本軽種馬協会があります。この協会は一九五五年に創立されました。協会の前身は日本サラブレッド協会（一九一四年創立、二七年から競走馬生産者協

図８-５　日高軽種馬農協・日本軽種馬協会日高支部の入口（浦河町）、後方はヒンドスタン（５冠馬シンザンの父）の馬像

会）で、これが四六年に社団法人サラブレッド協会、四八年に軽種馬生産農業協同組合へと改組し、五五年に社団法人日本軽種馬協会となったのです。

日高軽種馬農協は、社団法人日本軽種馬協会日高支部でもありますので、協会日高支部かつ日高軽種馬農協という二枚看板の組織として存立しています。重なる業務もありますので、全国は日軽協が担い、日高管内は日高軽種馬農協が担当するというような棲み分けが行われています。

総合農協（ＪＡ単協）は、各町を基礎に存在し（広域農協もある）、競走馬生産に関してはおもに金融、購買（生産資材）、経営指導にかかわる事業を行っています。とくに、競走馬生産の資金に関しては総合農協の貸付事業が重要な位置を占め、北海道のほかの農業地帯とは異なり資金運用型農協の体をなしています。競走馬産地の総合農協の特質として、販売事業の極端な低位性と金融事業への特化が指摘できるでしょう。競走馬の販売は、八割以上が庭先ですし、市場取引は日高全域を管轄する専門農協が北海道市場(静内)において行っているからです。競走馬産地の総合農協は、生産者にとっては金融機関の一つとして受け止められているのが現状です。この要因は、競走馬生産は特殊な技術や取引慣行が存在するため購買・販売事業や営農指導の面で農協の参入する余地が少なかったことと、競走馬は食料農産物ではないことから、農政において明確な位置づけがなされてこなかったことがあげられるでしょう。

現在は、競走馬産地の構造転換が急激に進展するなかで、農協の機能も大きく変化しています。競走馬経営が悪化するとともに、農協経営も厳しい状況におかれています。総合農協においては、馬産不況の下で市中銀行が競走馬との取引関係から撤退していくなかで、競走馬金融の主柱として位置づいており、その高度な運用が求められています。専門農協は、種牡馬に関しては民間が主流を占めるようになり、事業的にも停滞を余儀なくされています。また、販売事業に関しても民間市場が活発になるなかで、専門農協の優位性を保持することが難しくなっています。診療に関しても、民間獣医およびNOSAI獣医が多数存在している状況です。

しかし、多くの家族経営にとって、大規模・企業的経営と競争していくためにも、協同組合組織による経済的補完関係がより強く必要とされています。

第9部

日高パスポートの夢

第78話「日高パスポート」の実現にむけて

今回は、「日高パスポート」の話をします。これは私の夢の話です。

今、馬産地日高は、深刻な経済危機にあります。この危機の原因は「競馬不況」と、従来の競馬システム・生産システムの破綻、つまり「構造不況」を併せもつ「複合不況」です。ですから、この危機を克服するには、競馬不況の克服、競馬体系の再構築とともに新たな馬産地の再編（「馬を中心とした総合産地の形成」）が決め手になると思っています。

私は、日高の人たちは営業が下手（地域間・産業間・作物間の連携が不十分）で、せっかくの「馬が主役」の農村景観や豊かな自然、産業を生かしきれていないのではないかという想いを、以前からもっていました。また、道外の人がせっかく日高を訪ねても、その魅力を十分に満喫していないのではないかという懸念をもっていました。そこで「日高パスポート」が必要なのです。最初にこの言葉を編み出したのは競馬ライターの小栗康之氏です。彼は、日高地方の乗馬振興には「日高パスポート」をつくり、パスポートをもった人はどこの乗馬施設をも利用できるようにしようと提唱したのです（乗馬ネットワークは実現した）。この話は膨らんで、「日高パスポート」をもつと乗馬だけでなく、牧場めぐり名馬めぐり（もちろん馬めぐりの講習会受講者にパスポートを発行する）、日高地方の施設・宿泊施設の優待利用、情報・交通機関のサービスの提供を受ける。そしてさらに、パスポート所持者には日高地方の季節の便りとともに海の幸、山の幸が自宅に届く、というのは最高ですよね――そんな夢、みんなで実現しませんか。

読者のみなさんは日高地方に行ったことがありますか。まだ行っていない人は、一度行ってみませんか。

私は、札幌に住んでいますが、毎年日高路に何回となく足を運んでいます。苫小牧から襟裳岬に連なるなだらかな海岸線は一六五kmにも及ぶのですが、この眺めがすばらしい。浜の景色は人の営みとともに春夏秋冬、さまざまな表情を映し出してくれます。そして、太平洋や日高山脈を背景にサラブレッドの親仔が草を食む農村景観は美しく、たとえようもありません。また、日高地方は北海道のなかでは比較的温暖で、山あり谷あり、海あり川あり、起伏に富んだ複雑な地形のおかげで海の幸、山の幸の宝庫であり（イカ、カニ、鮭、イクラ、タラの芽、山うど、ギョウジャニンニク、きのこはとくに美味しい）、米、酪農・肉牛、野菜、メロン、苺となんでも採れるし美味しいし、ある意味では北海道で一番豊かなところといってよいでしょう。

読者のみなさんで日高地方に行ったことのある人、その印象はいかがですか。名馬・牧場めぐりはいかがでしたか。人々は親切に対応してくれましたか。交通アクセスはうまくいき、宿泊には満足しましたか。お酒、食べ物、飲み物は美味しかったですか。

みなさんが日高に行ったときの印象、感動・感激したこと、イマイチと思ったこと、こうしたらよいのにと思う提案はありませんか。私の印象では、日高の人たちはみな一生懸命なのですが、どちらかというと対応はまちまちで、地域全体の連携がもっともっと必要に思われます。旅行者やファンの目からみた日高地方への「提案」をぶつける必要があるように思います。逆に、日高の「活性化」のためには、日高山脈や馬のいる美しい景観と、いろいろな産業との総合的、有機的な組み合わせが必要でしょう。最近、地域経済論の人たちが、六次産業化という言葉を使います。一次産業の米・野菜・花・畜産物・魚・貝、それらを加工する二次産業、商工・観光・情報という第三次産業、合わせて六次産業？　日高の六次産業化が成功すれば、観光客やファンも楽しく日本競馬の発展にも繋がると思います。第76話で、馬産地日高には、多くの関連産業があり、その連携で日高地方の生活が成り立っていることをみました。

巻末の表13を参照してください。日高地域の総就業者四万八六六九人のうち二二％、一万五四八名が直接的な競走馬関連産業に就業しています。さらに、この表（二〇〇〇年前後の数値）によれば、日高地方では農業粗生産額五三三億円のほか水産業一五五億円、工業五一億円、卸小売一四二〇億円、飲食業五六億円と総計二二一三億円になります。この二二一三億のパイを奪い合うのではなくて、それを二五〇〇億にも、三千億にもするという壮大な位置づけのなかで、産地形成をする必要があると思います。

第79話　エージェント版・日高パスポートのはなし

馬産地は今、不況にあえぎ「馬が売れない」状態が続いています。より正確に表現するなら「既存馬主に馬が売れない」といった方がいいかもしれません。「馬が売れない」要因は、いうまでもなく馬主の経済不況にありますが、同時に、私には産地からの「馬主の掘り起こし」がまだまだ不十分な気がしてなりません。馬産地では新規馬主の獲得をどのように行ったらよいか、有効な方法をみつけられないといった事情も少なからずあるのです。世の中には馬主になりたいが、馬を探す方法や手続きがわからない人が結構いるのではないでしょうか。そこで今回は、馬産地と馬主の関係を整理し、新規の馬主を増やす方策を考えましょう。

第4話でみたように、日本の馬主は零細で平均二頭強の所有です。しかも「一頭まるごと馬主」もいますが、「一頭を何人かでもつ馬主」(共有馬主)も多いようです。私は「零細で少数頭もち馬主」は大衆競馬の発展を示すものであり、むしろ日本競馬の利点であると思っています。

巻末の表11では、中央競馬・地方競馬の馬主登録数の推移を載せました。中央競馬、地方競馬とともに、馬主登録数は年々減っています。

馬主になるための資格は、(欠格条項を除けば)中央は「九千万円以上の資産と一八〇〇万円以上の所得」であり、地方は「所得五〇〇万円以上」です。また、実際に馬を所有すれば飼葉料(中央一頭六〇〜七〇万円、地方二〇〜四〇万円)がかかります。

図9-1は、馬主と生産者の関係を図式化したものです。さて、馬主になるにはまず馬を購入・所有しなくてはなりません。しかし、(1)「馬をどう探し、手に入れるか」(関門1)が大変です。自分で直接探すのか、誰かに頼むのか？　市場で買うか、庭先で買うか？　庭先で買う場合、どの牧

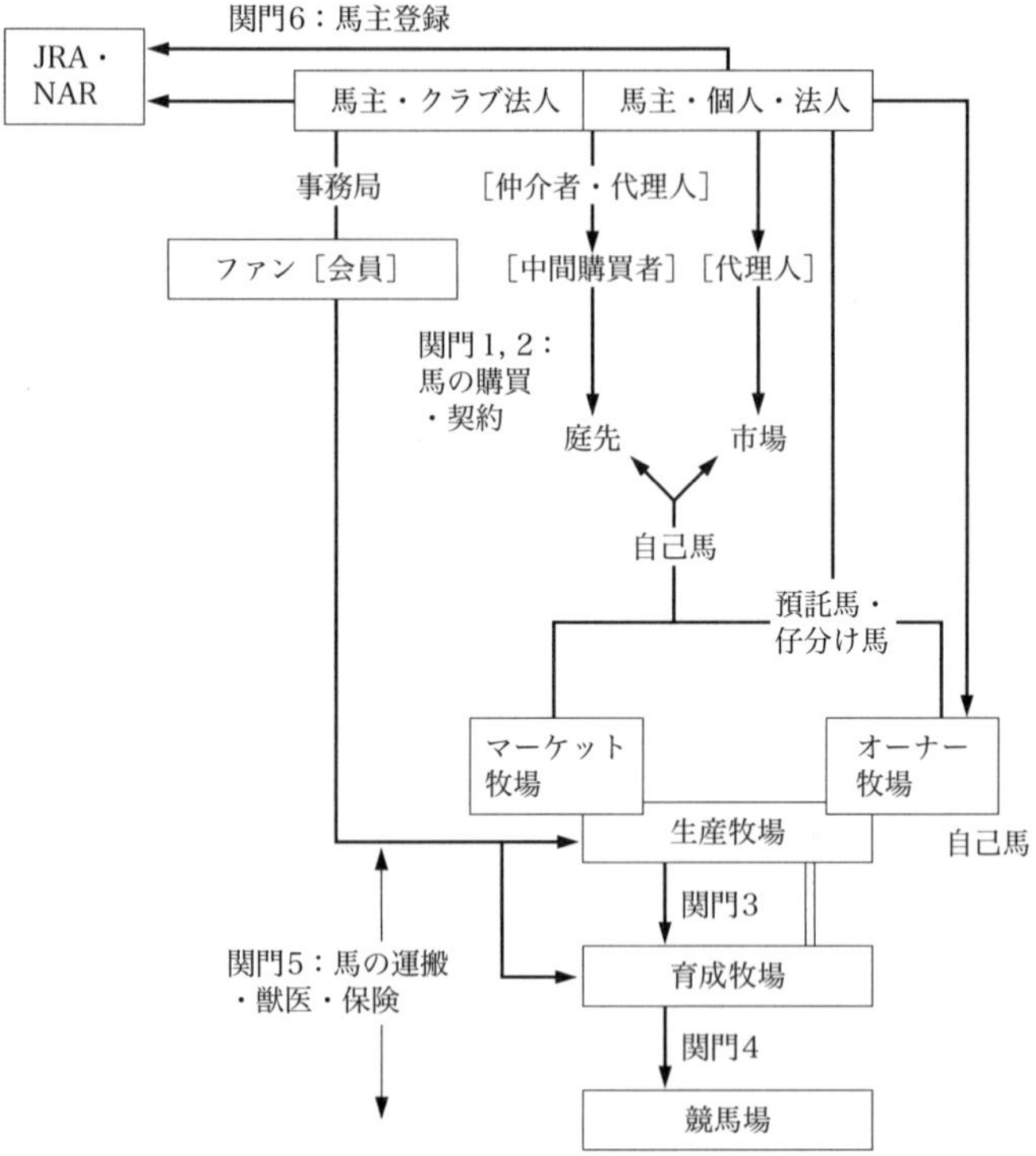

図９-１　馬主と生産牧場の関係

場に行ってどう馬を探すのか。やみくもに牧場に行っても、どの馬が売りもの（第三者販売対象馬）なのかはわかりません。新規馬主は、つてがない場合が多く、「エージェント・家畜商・調教師」に頼むのが一般的です。このときの問題は第53話でみた取引の不透明さです（とくに仲介手数料）。同時にこの不透明さは、馬主からみれば業界自体への不振感につながる恐れがあるだけでなく、牧場サイドからみても本当にお金を出しているのが誰なのかをわかりにくくしており、新規顧客の獲得の障害となる可能性も否定できません。購入馬が決まっても、（2）売買契約・預託契約をどうするのか（関門2）。（3）育成牧場の手配をどうするか（関門3）。そして、（4）馬を買っても入厩先を探すのが大変です（関門4）。そしてこの間の、（5）馬運車、保険、獣医師の手配をどうするか（関門5）。さらに、（6）馬主手続き（結構面倒です）をどうするか（関門6）。以上の困難さと煩雑さに多くの人は二の足を踏んでしまいます。セリ市場で購買するのであれば、少なくとも（1）の問題はクリアーできますが、それでも後の関門は残ります。

実際に馬主となれる経済力のある人が、いざ馬主登録を取って馬を購入しようとしても、これだけの手間ひまがかかるとなると、「じゃ面倒だから、馬はやめてクルーザーか外車でも買おうかな」と思ってしまうかもしれません。これはとてももったいない話ですよね。

そこで、「馬探しから、購買代行、育成場紹介、馬運車の手配、保険手続き、馬主資格申請までまかなえる」エージェント制度の発足を提案します。「エージェント版・日高パスポート」です。このエージェント制度は、透明性と客観性を最大の課題にする必要があり、また、地元農協や馬主協会の協力・支援が必要でしょう。

それから、私は「これからの日本競馬を支えるのはクラブ法人である」と書いてきましたが、馬主開拓のポイントも「クラブ馬主制度」にあると思っています。現在の馬主さんのなかにも、愛馬会法人会員になり「馬主気分を味わって」から馬主になった人もいると聞きます。愛馬会法人会員には馬主資格は必要ないし、自分で馬を探さずとも数あるなかから「自分の馬」を選べます。地方・中央共通のクラブ馬主ならばどちらでも出走できるし（地方はまだないが）、馬不足に悩む地方にとっては入厩馬も確保できます。そして何より、新しい馬の需要、新しい資本参加が期待できます。

第80話　これからも競馬と馬産地とファンの結びつきを

いよいよ最後の話です。

この本で私が一番強調したかったことは、日本の競馬は「大衆競馬」であるということでした。大衆競馬の発展にこそ日本競馬の活路があります。とくに、馬産地とファンとが一体となってつくりあげる日本の競馬は世界に例がない宝だと思います。

図９-２をみてください。競馬世界を木にたとえてみました。すると、まず、土壌は国民経済＝経済力と社会状況、それから馬事文化・競馬文化でしょう。どんな作物も、土づくりが基本です。根というのは、競馬ファンでしょうね。根から水や養分を吸収します。幹にあたる部分を競馬体

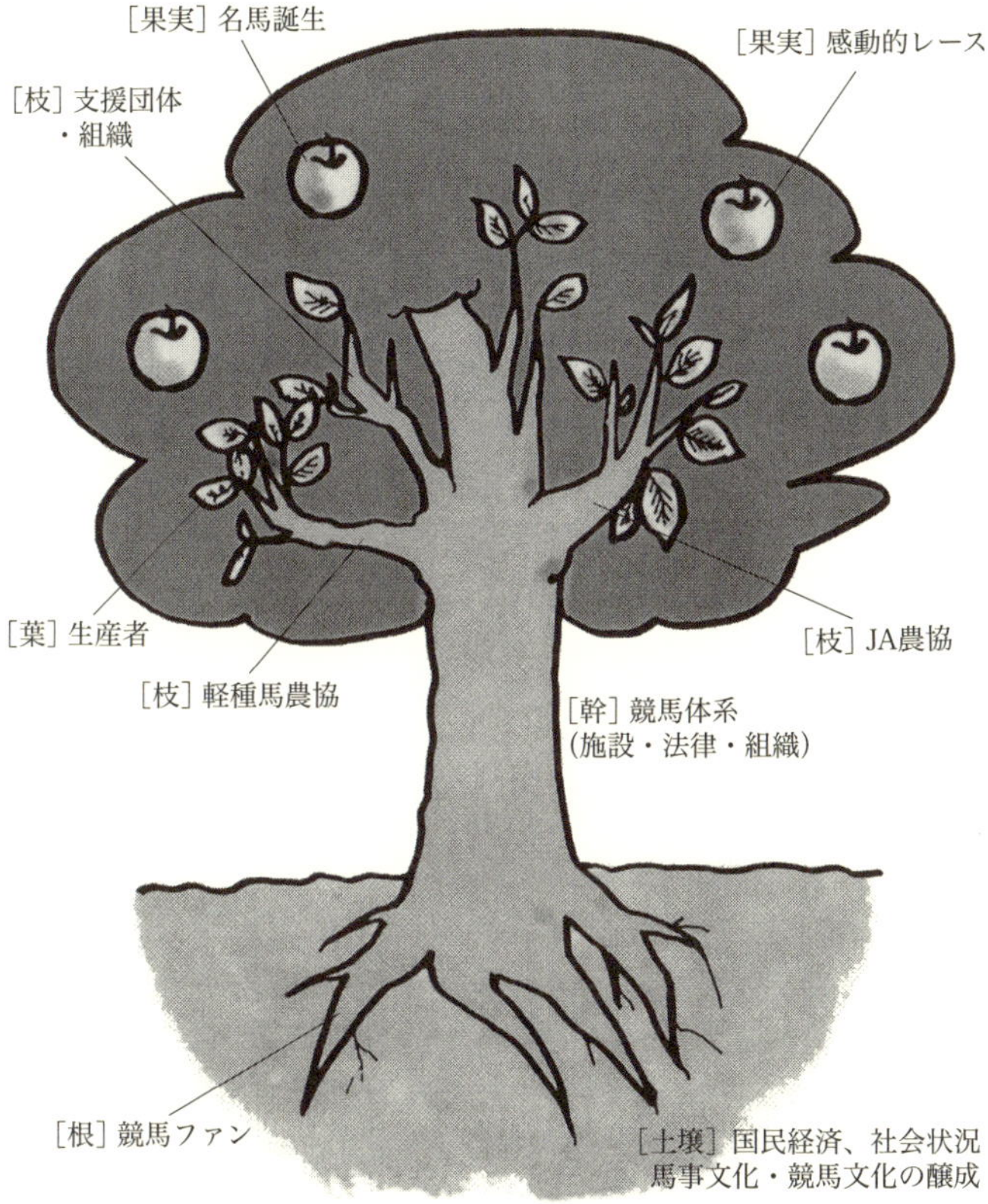

図9-2　競馬の世界を樹木にたとえれば

系としましたけれど、中央競馬と地方競馬があって、それから競馬法という法律があって、関連産業・組織・団体があります。枝の部分は、産地の支援組織、総合農協とか専門農協でしょう。それから葉っぱを生産地・生産牧場にたとえました。生産地の葉っぱが光合成して呼吸作用をし、根から吸い上げられた水や養分と合体して炭水化物が蓄えられ、やがて果実になるのです。

しかし今、葉っぱ(生産地・生産者)に元気がなく、枯れつつあります。葉っぱが枯れた原因は、枝にあったり、幹にあったり、根にあったり、土壌にあったりするのです。これから、日本競馬を発展させるためには葉が枯れた原因を取り除き、立派な果実を実らせることにあります。そして、そのためにも、私の提案する「日高パスポート」と「エージェント版・日高パスポート」をつくる必要があると思います。それには、競馬関係者とファンの力が必要です。この図のように、関係者が一体となり、とりわけ根である競馬ファンと、葉である生産牧場が協力して、立派な果実(感動的な競馬、競馬文化)を実らせていくのが私の願いです。

付録 表・図

表1　クラブ法人一覧〈第6話〉

クラブ法人名	愛馬会法人名	冠名	区分	備考・特徴
(有) サンデーレーシング	(有) サンデーサラブレッドクラブ	なし	生産馬提供型	日本有数のクラブ法人。社台ファームグループの超良血馬を多数提供。40口募集
(有) 社台レースホース	(有) 社台サラブレッドクラブ	なし	生産馬提供型	
(有) サラブレッドクラブラフィアン	(有) ラフィアンターフマンクラブ	マイネル，マイネ	生産・購入型	ビッグレッドファーム。岡田繁幸氏のセレクション
(株) 荻伏レーシングクラブ	(株) 荻伏オーナーズ	ブルー	生産馬提供型	旧荻伏牧場
(有) ゴールドレーシング	(有) ゴールドホースクラブ	ゴールド	購入馬提供型	旧クローバー
(株) ジョイ・レースホース	(株) ジョイ・サラブレッド・クラブ		購入馬提供型	クレジット会社 JCB がバックアップ
(株) グリーンファーム	(株) グリーンファーム愛馬会		購入馬提供型	(社台グループの生産馬募集が多い)
(株) 友駿ホースクラブ	(株) 友駿ホースクラブ愛馬会	シチー	購入馬提供型	クラブ法人の先駆的存在
(株) ウイン	(株) ウインレーシングクラブ	ウイン	購入馬提供型	セレクトセール出身の良血馬多数
(株) ユーワ	(株) ユーワホースクラブ	ユーワ	購入馬提供型	(株) オリエントコーポレーションがバックアップ

(株) サウスニア	(株) サウスニアレースホースクラブ	なし	購入馬提供型	シンボリルドルフのかつての在籍クラブ
(有) サラブレッドオーナーズクラブシルク	(有) シルクホースクラブ	シルク、シルキー	生産馬提供型	元早田牧場が組織。500 口募集
(有) 大樹ファーム	(株) 大樹レーシングクラブ	タイキ	生産・購入型	大樹 F 生産馬と外国産馬を募集
(株) ヒダカブリーダーズユニオン	(株) ユニオンオーナーズクラブ	なし	生産馬提供型	静内町中心の中堅牧場の共同組織
(株) ジャパンホースマンクラブ	(株) エプソム愛馬会	エプソム	購入馬提供型	コンピューター周辺機器のトップカンパニーが組織
(有) キャロットファーム	(株) キャロットクラブ	なし	生産馬提供型	元は購入馬提供型。ノーザンファームがバックアップ
(株) ロードホースクラブ	(株) ロードサラブレッドオーナーズ	ロード、レディ	生産・購入型	中村和夫氏の主導。良血馬を小口募集
(株) ローレルレーシング	(株) ローレルクラブ	ローレル（なし）	生産馬提供型	新冠町中心の中堅牧場の共同組織
(株) ターフ・スポート	(株) ターファイトクラブ	なし	生産馬提供型	日高東地区の中堅牧場の共同組織

資料）古林英一氏作成の原表とインターネット http://homepage2.nifty.com/uog/owner.htm を参考に作成。

表2　地域別競走馬生産牧場数の推移〈第12話〉

	1955年		1965年		1985年		2000年	
日高	354	14.0	1069	40.6	1657	62.1	1386	66.5
胆振	40	1.6	113	4.3	129	4.8	101	5.2
十勝	30	1.2	59	2.2	72	2.7	50	2.6
青森	432	17.1	439	16.7	246	9.2	132	6.8
岩手	219	8.7	57	2.2	37	1.4	22	1.1
宮城	189	7.5	164	6.2	82	3.1	56	2.9
福島	310	12.3	157	6.0	62	2.3	26	1.6
栃木	39	1.5	20	0.8	18	0.7	11	0.6
群馬	116	4.6	8	0.3	5	0.2	9	0.5
埼玉	51	2.0	7	0.3	6	0.2	6	0.3
千葉	52	2.1	51	1.9	98	3.7	73	3.8
熊本	—	—	—	—	40	1.5	29	1.5
宮崎	360	14.3	235	8.9	67	2.5	24	1.2
鹿児島	291	11.5	251	9.5	144	5.4	102	5.3
合計	2526	100.0	2632	100.0	2669	100.0	1935	100.0

注）1. 日本軽種馬協会会員数を競走馬生産牧場数とした。
　　2. 各支部ごとの集計である。青森の支部名は東北支部である。
　　3. 支部外の会員がいるので計は合わない。
資料）日本軽種馬登録協会・日本軽種馬協会『軽種馬統計』2001年。

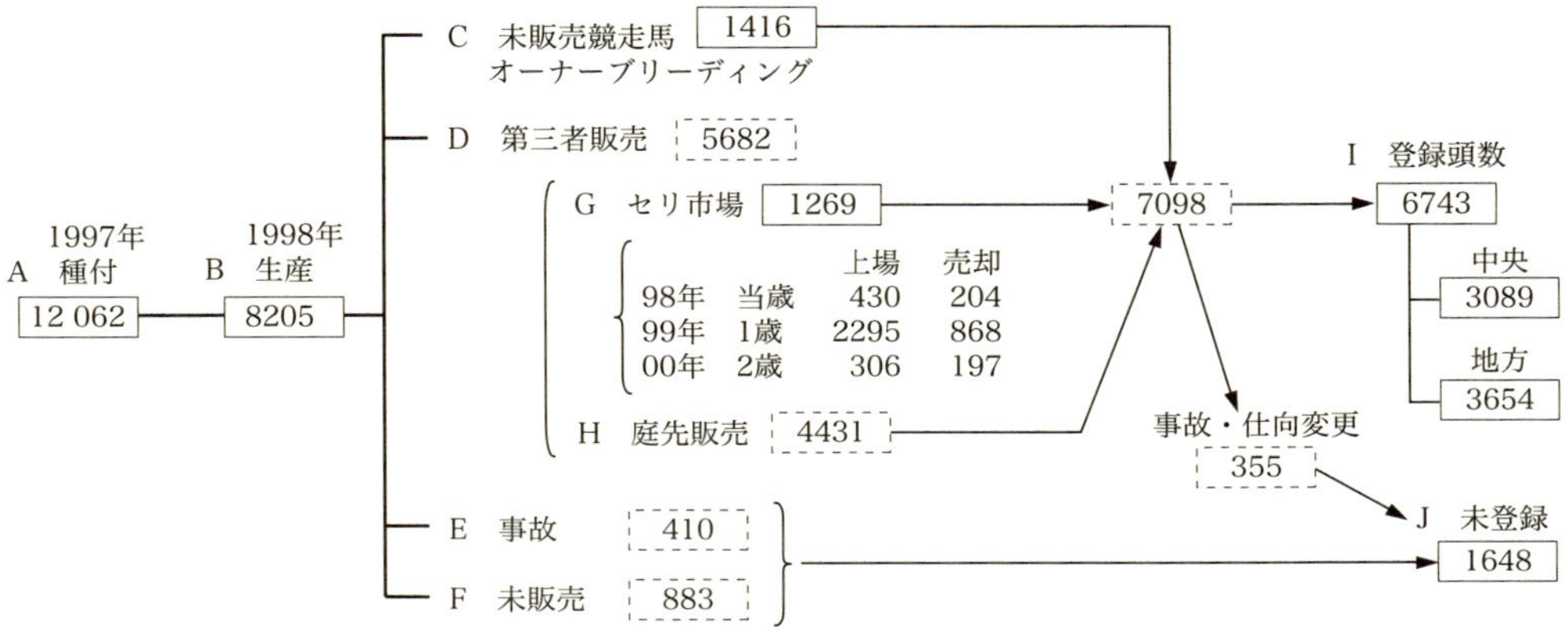

指標				
市場販売率（G/B）	15.5		第三者販売率（D/B）	69.3
庭先販売率（H/B）	54.0		うち市場販売率（G/D）	22.3
未売却率（F/B）	10.8		うち庭先販売率（H/D）	78.0
登録率（I/B）	82.2			

図 1　競走馬の販売→販売→入厩モデル（1998 年産、2000 年登録）**〈第 19 話〉**

注）未登録競走馬は、馬名登録頭数（6743 頭）× 20％×事故率逆算 1.05 により推計。オーナーブリーダーの割合は聞き取り調査による。事故頭数は、生産頭数×事故率 5％（0.05）より推計。未販売頭数は、未登録頭数－事故頭数－事故・仕向変更頭数により推計。

資料）日本軽種馬協会『軽種馬生産統計』『軽種馬生産関係資料』、JRA『中央競馬年鑑』『軽種馬生産に関する調査報告書』より作成。

表3　北海道外出身者の競走馬産業就職状況調査〈第26話〉

	出身	年齢	職業	牧場・職場	職場全体が取り扱う業務	日高に住むきっかけ	今の生活の満足度	
							仕事	生活環境
1	神奈川	32	騎乗員	浦河町	競走馬の生産・育成・調教	東京の専門学校卒業後、千葉の育成場勤務の後、現職に	給与等に若干不満	満足
2	千葉	22	騎乗員	浦河町	競走馬の生産・育成・調教	千葉県の高校を卒業後、現職に	給与等に若干不満	満足
3	長野	22	騎乗員	浦河町	競走馬の生産・育成・調教	長野県の高校を卒業後、1年のBTC育成者研修を受け、現職に	給与等に若干不満	満足
4	熊本	24	騎乗員	浦河町	競走馬の生産・育成・調教	熊本県の高校を卒業後、地方競馬場の厩務員となり、後、現職に	給与等に若干不満	満足
5	宮城	21	騎乗員	浦河町	競走馬の生産・育成・調教	宮城県の高校を卒業後、現職に	給与等に若干不満	満足
6	兵庫	24	騎乗員	浦河町	競走馬の生産・育成・調教	兵庫県の高校を卒業後、現職に就いたが、怪我のため一時帰郷後、再び現職に	給与等に若干不満	満足
7	宮城	32	牧場作業員	浦河町	競走馬の生産・育成・調教	宮城県の高校を卒業後、会社勤務の後、現職に	給与等に若干不満	満足
8	埼玉	31	騎乗員	浦河町	競走馬の生産・育成・調教	東京都内の大学を卒業後、新冠町で騎乗員となり、その後、現職に		満足
9	福岡	28	牧場作業員	浦河町	競走馬の生産・育成・調教	福岡県の高校を卒業後、現職に	給与等に若干不満	満足
10	愛知	22	騎乗員	浦河町	競走馬の育成・調教	愛知県内の高校を卒業後、現職に。中京競馬場で乗馬習った経験あり	給与等に若干不満	満足

11	東京	27	牧場作業員	浦河町	軽種馬の生産・育成	東京都内の高校を卒業後、現職に		満足
12	愛知	27	騎乗員	浦河町	競走馬の育成・調教	愛知県内の高校を卒業後、種馬場勤務の後、海外研修を経て現職に		満足
13	長野	32	騎乗員	浦河町	競走馬の生産・育成・調教	長野県の高校を経て、海外ボランティア活動に従事、転職し現職に	満足	満足
14	兵庫	32	事務員	浦河町	競走馬の生産・育成・調教	兵庫県内の大学を卒業後、神戸、大阪でサラリーマン生活の後、現職に	給与等に若干不満	満足
15	秋田	30	事務職	浦河町	セリ、種馬など	青森県内の大学を卒業後、現職に		十分満足
16	神奈川	33	種馬場勤務	門別町	セリ、種馬など	東京都内の動物専門学校卒業後、JBBA研修を経て現職へ	馬だけでなく他業種も学びたい	満足
17	愛知	34	事務職	門別町	セリ、種馬など	愛知県内の大学を卒業後、新聞記者を経て現職へ	給与等に若干不満	十分満足

注）聞き取り調査による。

表4　競走馬牧場の経営タイプ〈第27話〉

経営タイプ		企業的経営		家族経営	
		企業経営	家族大経営	家族専業経営	家族複合経営・高齢農家経営
		I	II	III	IV
実数 (割合)		106 (13.4)	138 (17.4)	399 (50.2)	151 (19.0)
頭数規模		16頭以上	11〜15	6〜10	1〜5
労働力(人)	家族	牧場の管理者	2〜3	2〜3	1〜3
	雇用	10〜 4〜9	4〜9 1〜3	1〜3	
	雇用部門	生産＋育成	育成		
経営形態		競走馬専業	競走馬専業	競走馬専業	水田・畑作兼業
繁殖牝馬	品種	サラ系	サラ系	サラ系	サラ・アラ系
	所有形態	自己（預託）	自己（預託）	自己・仔分・預託	仔分・預託・自己
経営部門	繁殖生産	○	○	○	○
	育成	○	○		
	種牡馬	○ スタリオン経営			
	販売	○ クラブ法人経営			
牧場の性格		オーナーブリーダー兼マーケットブリーダー	マーケットブリーダー	マーケットブリーダー	マーケットブリーダー
備考		近年、経営間格差拡大。大企業は仔分け・育成・種牡馬を通じて中小牧場に対し支配力をもつ。	元々は家族経営。育成部門をもつことで企業的に。	60、70年代に、他の農業から転換しアラ系・仔分けから始めた経営が多く、成熟期にはさらにサラ系・自己馬主体に転換。	複合・高齢者経営であり、アラ系・仔分け・預託の比率が高い。

注）企業的経営と家族経営は、雇用労働力の有無、経営部門、牧場の性格、飼養規模により分類。

資料）岩崎徹、小山良太作成。数値は、21世紀馬産地検討会（日高支庁主催）「軽種馬農家意向調査」1999年7月より。日高軽種馬経営全戸アンケート調査、有効回答809戸（回収率60.7%）のうち不明15戸を除く794戸を使用。このアンケート調査の作成・集計には作成者も参加しており、経営タイプの分類は作成者らで行った。

表 5　社台グループの概要〈第 28 話〉

		施設の概要	業務内容	面積（ha）			飼養頭数（頭）					専属スタッフ	パート	騎乗者		従業員計
				計	放牧地	山林原野	種牡馬	繁殖牝馬	育成馬	乗用馬	小計			日本人	外国人	
社台ファーム	1. 社台 SS	種馬場	競走馬商社	20			29				29	24				24
	2. 社台 SS 荻伏	種馬場	スタリオン経営	14			3				3	0				0
	3. 社台 F	牧場	繁殖・育成	290	170	80		160	340		500	14	31	66	0	111
	4. 社台 F 日高	牧場	繁殖・育成	55				40	20		60	0				0
	5. 白老 F	牧場	繁殖	45				80			80	4				4
	6. 社台 HC	診療所	獣医								0	2				2
ノーザンファーム	7. ノーザン F	牧場	繁殖・育成	200				220	120		340	18	13	14	0	45
	8. ノーザン F 空港	牧場	育成専業	110	110				220		220	7	39	46	6	98
	9. ノーザン F 遠浅	牧場	繁殖・育成	60				20	100		120	4				4
	10. ノーザンホースパーク	テーマパーク	テーマパーク	50						50	50	0				0
社台レースホース	11. 東京事務所	事務所	クラブ法人馬主								0	15				15
	12. 大阪事務所	事務所	共有馬主								0	5				5
	13. 社台トレーニングセンター	休養調教施設	外厩的トレセン	36	23	13			210		210	5	24	31	11	71
				880	303	93	32	520	1010	50	1612	98	107	157	17	379

注）面積・飼養頭数は 2000 年、スタッフは 1998 年、騎乗者・パートは 97 年の数字である。
　SS はスタリオンステーション、F はファーム、HC はホースクリニックの略。
資料）社台グループ会社案内・業務資料、JRA『育成牧場の概要』より作成。

表6　経営類型別にみた繁殖牝馬更新方法（複数回答・合計）〈第35話〉

		Ⅰ	Ⅱ	Ⅲ	Ⅳ	合計
繁殖牝馬更新方法	外国馬購入	52 (53.1)	48 (36.1)	55 (15.1)	2 (1.9)	157 (22.3)
	国内購入	16 (16.3)	39 (29.3)	136 (37.3)	37 (34.6)	228 (32.4)
	仔分譲渡	11 (11.2)	21 (15.8)	113 (31.0)	30 (28.0)	175 (24.9)
	預託譲渡	20 (20.4)	40 (30.1)	122 (33.4)	41 (38.3)	223 (31.7)
	競馬あがり	70 (71.4)	85 (63.9)	168 (46.0)	43 (40.2)	366 (52.1)
	非入厩馬	7 (7.1)	10 (7.5)	27 (7.4)	6 (5.6)	50 (7.1)
	回答件数	176	243	621	159	1199
	回答者数	98 (100.0)	133 (100.0)	365 (100.0)	107 (100.0)	703 (100.0)

注）構成比の母数は回答者数とした。
出典）岩崎徹・小山良太「日高地方における軽種馬経営意向調査」札幌大学『経済と経営』31巻1号、2000年。

表7　所有形態別にみたサラブレッド種牡馬の地域分布〈第39話〉

	全国	北海道			東北	関東	九州
			うち日高	うち胆振			
シンジケート	66 (20.1)	65 (23.4)	48 (20.3)	17 (50.0)	1 (3.6)	0 (0)	0 (0)
組合	4 (1.2)	4 (1.4)	4 (1.7)	0 (0)	0 (0)	0 (0)	0 (0)
協会	25 (7.6)	15 (54.0)	11 (4.7)	3 (8.8)	5 (17.9)	3 (37.5)	2 (15.4)
個人	233 (71.0)	194 (69.8)	173 (73.3)	14 (41.1)	22 (78.6)	5 (62.5)	11 (84.6)
総数	328 (100.0)	278 (100.0)	236 (100.0)	34 (100.0)	28 (100.0)	8 (100.0)	13 (100.0)

注）1. 各地域は日本軽種馬協会の支部名によった。
　　2. その他地域があるので合計は合わない。
資料）日本軽種馬登録協会・日本軽種馬協会『軽種馬統計』2004年。

表 8　シンジケートの事務局別にみた種牡馬の動向〈第 43 話〉

事務局	繋養種牡馬頭数（頭）	総種付数（頭）	平均価格（万円）	総額（千万円）	主要種牡馬	繋用スタッド
社台スタリオンステーション	9	1089	260	283	エリシオ	社台 SS
ジェイエス	13	1030	291	300	ラムタラ	アロー S・静内 SS・ビックレッド F
サラブレッド・ブリーダーズ・クラブ	10	903	360	325	サンデーサイレンス	ブリーダーズ SS・トヨサト SC
ジャパンレースホースエージェンシー	6	522	267	139	ジョリーズヘイロー	イースト S・社台 SS
CB サービス	6	486	163	78	ブライアンズタイム	CBS
荻伏ブリーディングシステム	7	360	150	54	スキャン	日高 SS
(株) レックス	4	320	70	22	ゴールデンフェザント	レックス S
(株) 優駿	2	200	150	30	コマンダーインチーフ	優駿 SS
その他	8	391	116	45	シャンハイ	
計	65	5301	241	1276		

注) 1. 平均価格は、プライベート、ブックフルを除く価格公示種牡馬のみを集計。
　　2. スダッド名の SS はスタリオンステーション、S はスダッド、SC はスタリオンセンター。
資料) 日本軽種馬協会「軽種馬改良情報システム (JBIS)」資料、1999 年より作成。

表 9　育成牧場の形態（地域別）〈第 48 話〉　（単位：戸、人、ha）

地域	生産兼営	育成専業（休養含）	全体	労働力（平均人数）		育成業務の内容				平均総土地面積
				労働力計	騎乗者	育成	調教	休養	障害訓練	
日高東部	22	11	33	11.3	6.5	32	33	29	1	35.8
日高中部	31	10	41	15.3	7.8	41	37	44	1	50.3
日高西部	24	13	37	17.6	9.3	37	36	33	2	61
胆振	10	2	12	34.8	10.9	14	13	12	2	153.1
道内	87	36	123	16.9	8.3	124	119	118	6	61.2
東北	18	9	27	12.1	5.6	29	23	20	2	37
関東	9	22	31	11.4	7.7	30	31	29	5	9.7
関西・北陸	0	16	16	11	6	14	17	18	4	3.7
九州・四国	17	12	29	6.5	4	28	26	27	2	6.4
道外	44	59	103	10.2	6	101	97	94	13	15.3
計	131	95	226	13.8	7.2	225	216	212	19	39.6

注）1. 未回答があるので合計が一致しない場合がある。
2. 労働力数は回答にあった牧場の平均値である。
3. 原表では生産兼業となっているが、兼業農家とまぎらわしいので生産兼営とした。
4. 原表では地区になっているが、表現を統一するため地域とした。
資料）JRA『育成牧場概況調査』1997 年より作成。

表 10　中央競馬と地方競馬の比較（2002 年）〈第 63 話〉

	中央競馬	地方競馬	中央／地方
主催者数	1	21	—
競馬場数	10	26	0.38
全レース数	3452	20 515	0.17
開催日数	288 日	1909 日	0.15
出走実頭数	8403 頭	21 635 頭	0.4
売得金総額	3 兆 1335 億円	4904 億円	6.4
1 日あたり売得金額	108.8 億円	2.6 億円	41.7
1 競馬場あたり売得金額	3133.5 億円	188.6 億円	16.6
公営競技に占める売得金額の割合	51.5%	8.1%	—
賞金総額	1138.1 億円	547.0 億円	2.1
1 日あたり賞金	4.0 億円	0.28 億円	14.3
出走 1 頭あたり賞金	1354 万円	253 万円	5.4
売得金に占める賞金の割合	3.6%	11.1%	—

注）1. 中央競馬は平地＋障害、地方競馬は平地＋ばんえい。
　　2. 地方競馬の 2005 年 4 月現在の主催者は 15、競馬場数は 21 である。
資料）JRA『中央競馬年鑑』、地方競馬は『地方競馬統計資料』。

表 11　中央競馬、地方競馬の馬主動向〈第 67 話〉

年　度			1985	1990	1995	2000	2001	2002	2003	2004
中央	馬主数	個人	2166	2584	2476	2201	2151	2102	2074	2055
		法人	296	357	360	350	347	338	333	333
		組合	—	—	—	—	5	20	27	27
		合計	2462	2941	2836	2551	2503	2460	2434	2415
	新規登録数		161	256	70	71	75	79	82	93
	抹消数		139	95	146	125	123	122	108	112
地方	馬主数	個人	7100	7071	7515	6737	6647	6530	6348	6176
		法人	296	356	390	405	400	415	405	391
		組合	—	—	—	—	0	4	8	11
		合計	7396	7373	7905	7142	7047	6949	6761	6578
	新規登録数		367	624	174	366	434	386	354	328
	抹消数		485	402	442	312	529	484	542	511

注）各年 3 月 31 日現在。
資料）表 10 に同じ。

表 12　中央競馬、地方競馬の調教師、騎手、厩務員の推移〈第 67 話〉

年度	中央競馬			地方競馬		
	調教師	騎手	厩務員	調教師	騎手	厩務員
1980	209	253	2564	929	680	5059
1985	227	235	2646	969	641	5274
1990	222	208	2714	926	659	4675
1991	217	209	2711	912	668	4504
1992	219	205	2723	901	670	4595
1993	219	196	2739	894	663	4744
1994	223	194	2740	906	655	4950
1995	227	183	2732	906	639	5100
1996	225	180	2721	899	645	5060
1997	227	178	2723	892	638	5020
1998	232	170	2751	901	623	4976
1999	231	173	2757	886	609	4920
2000	233	175	2753	876	594	4700

注）各年 3 月 31 日現在、ただし地方競馬の厩務員は 3 月 1 日現在。
資料）中央競馬は『中央競馬年鑑』、地方競馬は地全協資料より作成。

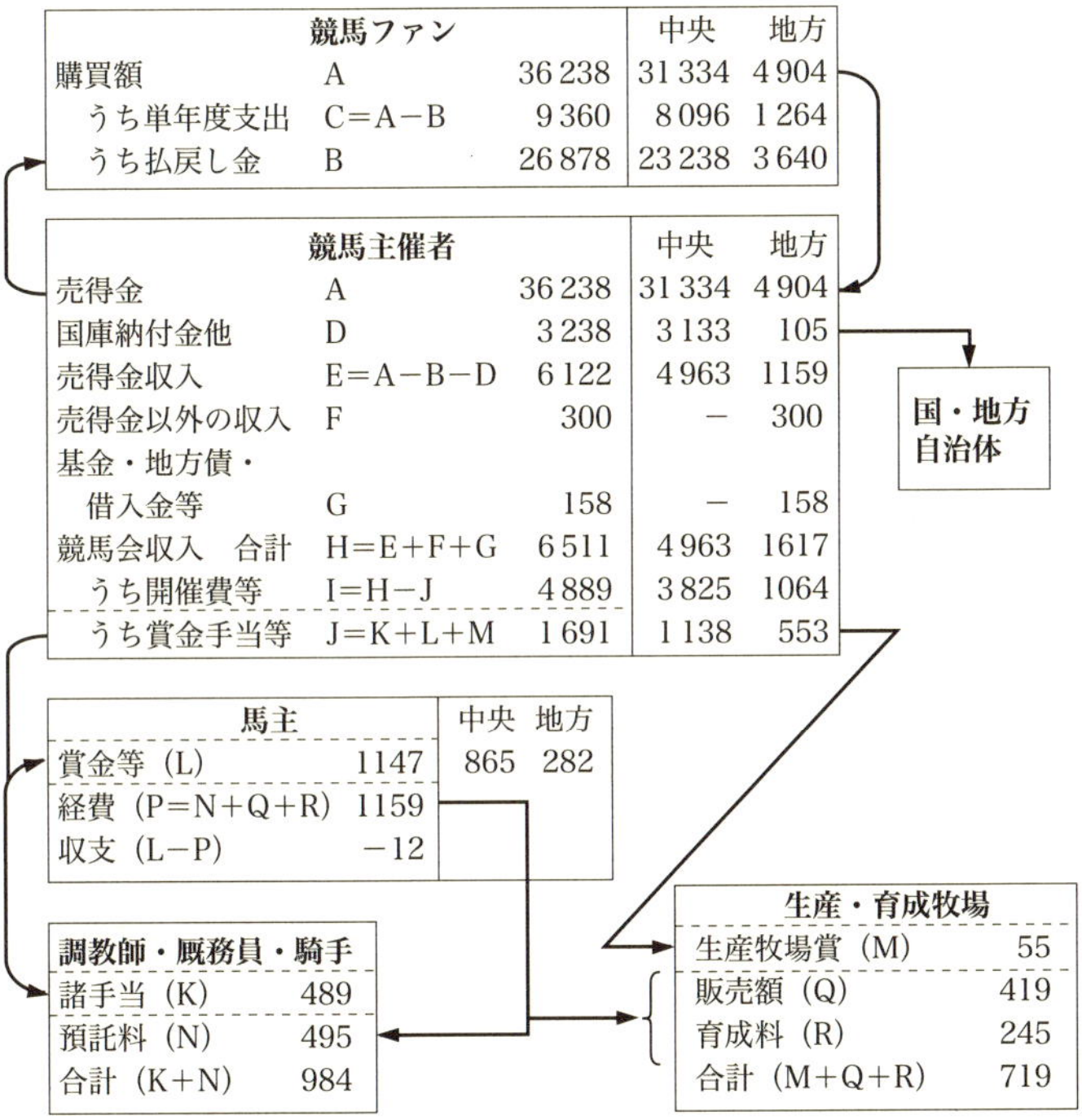

競馬ファン
中央　地方
購買額　A　36 238　31 334　4 904
うち単年度支出　C＝A－B　9 360　8 096　1 264
うち払戻し金　B　26 878　23 238　3 640
競馬主催者
中央　地方
売得金　A　36 238　31 334　4 904
国庫納付金他　D　3 238　3 133　105
売得金収入　E＝A－B－D　6 122　4 963　1159
売得金以外の収入　F　300　－　300
基金・地方債・
借入金等　G　158　－　158
競馬会収入　合計　H＝E＋F＋G　6 511　4 963　1617
うち開催費等　I＝H－J　4 889　3 825　1064
うち賞金手当等　J＝K＋L＋M　1 691　1 138　553
国・地方
自治体
馬主
中央　地方
賞金等（L）　1147　865　282
経費（P＝N＋Q＋R）　1159
収支（L－P）　－12
調教師・厩務員・騎手
諸手当（K）　489
預託料（N）　495
合計（K＋N）　984
生産・育成牧場
生産牧場賞（M）　55
販売額（Q）　419
育成料（R）　245
合計（M＋Q＋R）　719

図 2　日本競馬の資金循環（2002 年度）（単位：億円）〈**第 68 話**〉

注）1. 競馬ファンの単年度支出は、勝馬投票券購入額－払戻し還元分。
2. 調教師の預託料は、中央・地方それぞれの馬房数× 12 カ月×平均預託料（中央：65 万円、地方：23 万円）として算出。
3. 生産者の販売額は、2001 年度全国の軽種馬粗生産額を使用。
4. 育成料は、日本中央競馬会『育成牧場の概要』1997 年より、総育成馬房数×平均預託料により算出。
5. 馬主の経費は、調教師預託料＋産駒購買額＋産地育成（休養含む）費用の合計。
6. 国庫納付金他は、地方競馬には地全協＋公営企業金融公庫＋一般会計からの支出（教育文化・福祉等）が含まれる。
7. 売得金以外の収入は、地方競馬では入場料、場間協力金等を含む。中央競馬は繰入参入していない。

資料）『中央競馬年鑑』2002 年度、農林水産省『地方競馬統計資料』2002 年度。

小山良太氏作図。

表 13　日高地方における競走馬の位置〈第 78 話〉

	世帯数・事業体数 A	人口 B（人）	粗生産額 C（百万円）	就業者 D（人）	C/D（百万円）	C/A（百万円）
総数	35 531	86 297	221 309	48 669	455	623
農業	2 476	10 900	53 300	9 858	541	2 153
うち競走馬	1 286	—	36 200	7 347	493	2 815
水産業	1 687	—	15 463	1 771	873	917
工業	171	—	5 096	2 446	208	2 980
卸小売業	1 281	—	141 897	6 931	2 047	11 077
飲食業	318	—	5 553	1 121	495	1 746
産業合計に占める競走馬の位置	3.6	—	16.4	15.1	—	—
生産業に占める競走馬の位置	29.7	—	4.9	52.2	—	—
日高の農林水産業に占める競走馬の位置	30.9	—	52.6	63.2	—	—

資料）住民基本台帳人口世帯数調査（2000 年）、『北海道農業基本調査』（1999 年）、農林水産省『農業構造動態調査』（1999 年）、北海道『北海道農業統計書』（2001 年）、農林水産省『生産農業所得統計』（1999 年）、JRA『軽種馬生産牧場調査』（1997 年）による。

写真提供者一覧（敬称略）

図1-1、1-2、1-5、2-7、7-3、8-4、中扉（第8部）：古林英一
図1-3、中扉（第1、2、3、7部）：中村義久
図2-3：マオイホースパーク
図2-6：浦河町立馬事資料館
図2-8：メジロ牧場
図2-9：沼田恭子
図2-10、3-3、4-4：渡辺はるみ
図2-11：小山良太
図3-2：川越敏示
図3-4、5-1、8-5、中扉（第5、9部）：岡本邦彦
図3-6：JRAピーアールセンター
図3-7、5-4：神谷健介
図3-8：声高嗣実
図3-9：『農家の友』編集部
図4-6、6-2、6-6、中扉（第4、6部）：石澤考康
図6-4：村上尚
図8-1：上田美貴子
図8-2：社台スタリオンステーション

あとがき

私が初めて日高地方を訪れたのは一九七七年ですから、今から二八年前になります。それ以来、蝸牛の歩みながら競走馬生産の研究を続けてきました。

四半世紀の間には馬産地の浮き沈みもあり、ブームに沸き「この世の春」を思わせる時代もありましたし、不況に打ちひしがれた時代もありました。現在は、不況のどん底です。この本では、この間の浮き沈みを通した日高地方の競走馬生産と馬産地のしくみを、なるべく分かりやすく解説してきたつもりです。

この本は、私にとっては競走馬に関する二冊目の本です。一冊目は、『競馬社会をみると、日本経済がみえてくる――国際化と馬産地の課題』（源草社，二〇〇二年）で、お蔭様で本の売れ行きも順調で問い合わせやコメントも大分いただきました。そんななかでNTTデータ法人システム事業本部の川上和彦氏から電話をいただき、いろいろと馬産地のお話をしているうちに、NTTのサイトにコラムを連載することになりました。それが「馬産地だより」（二〇〇三年六月～〇四年三月、毎週一回、計四五回）でした。

この本は、一冊目の本とNTTサイトのコラムとを下敷きにしています。下敷きにしているとはいえ、ほぼ全面的に書き直しました。NTTサイトでは四五回の話を八〇回の話にふくらませ、中身も濃くしました。なるべく新しい動きをとらえ、新しいデータを使うよう努力しました。前の本は「難しい」とお叱りを受けましたので、なるべくわかりやすく、文体も「です、ます調」にしました。不思議なことに文体を変えることによって、内容も変わり、わかりやすくなったと思います。

「なるべく新しいデータを使うよう努力した」と右に書きましたが、実は、最近の大事なデータがいくつか得られませんでした。「農家経済調査」は一九九九年に打ち切られました。育成牧場に関する調査は九七年を最後に行われていませんから、この本で使ったのは八年前のデータです。産地育成は激変しているのですが、この間本格的調査がないため、育成牧場の数すら把握できない状況です。この間の不況で、生産者の意識は従来とは大きく変わってきたと思われますが、全牧場を対象としたようなアンケートの類も有効なものはなされていません。JRA始め、競馬諸団体が予算の関係で調査をしなくなったのです。競馬不況の影がこんな形であらわれるとは、思ってもみませんでした。

この本では、前の本と同様、競馬・競走馬世界を明らかにするため、果敢に挑戦や冒険をしました。この世界は、意外と、というかまだまだ解明されていないことが多く、なんとなくささやかれていることでも、事の中身が整理されていないか、データで証明されていないことが多いのです。そこで、この本ではいくつかのテーマについて工夫をこらしました。そして、新たな発見がありました。しかし同時に、この世界はまだまだわからないことの方が多いというのが実感です。このわからない部分の解明については、またいつの機会にか挑戦したいと思っています。

本書を書くにあたっては、前回の本と同様、「馬クラスター研究会」仲間の全面的な協力を得ました。小山良太（福島大学）、古林英一（北海学園大学）、石澤考康（ダーレージャパン）、川越敏示・岡本邦彦・山内哲人（日高軽種馬農協）の諸氏には、原稿素案や資料の作成、アイディアの提供をしていただきました。とくに以下の話は、原稿素案や資料の作成にご協力いただきました。

小山良太（3、28、30、31、65、68、73、77話）
古林英一（5、6、29、54話）
石澤考康（22、23、24、34、37、52、59、79話）
川越敏示・岡本邦彦（6、26話）
山内哲人（72話）

とはいえ、執筆についての責任はあくまで私にありますので、この本に関する批判や注文はどうぞ岩崎宛にご連絡ください。また、日本軽種馬協会の松尾圭二氏、伊藤雅之氏、ひだか東農協の松本啓佑氏には膨大な資料の提供・作成に多大なるご協力を、競走馬のサイクルや引退馬に関しては、沼田恭子、加藤めぐみの両氏にアドバイスをいただきました。さらに、この本を出版するにあたっては、札幌大学の森杲教授に有益なアドバイスを、北海道大学出版会の前田次郎氏には、いつもと変わらぬていねいで正確な編集作業をしていただきました。そしてこの本は、何よりも日高の牧場関係者のご協力があってこそ生まれたものです。本当にありがとうございました。また、この本を見やすく、イメージをつかみやすくするために、たくさんの写真を使いました。多くの方々に写真の撮影ならびに提供をいただきましたことを感謝いたします。

なお、本書を出版するにあたっては、札幌大学経済・経営学会の二〇〇四年度出版助成を受けました。御礼申し上げます。

岩崎　徹

二〇〇五年九月

岩崎　徹（いわさき　とおる）

札幌大学経済学部教授。

1943年、横浜市生まれ。東京農工大学卒業、東北大学大学院博士課程修了・農学博士。

中央畜産会、日本軽種馬協会、日本中央競馬会の専門委員・調査委員、北海道地方競馬運営委員長を歴任。

主著：『競馬社会をみると、日本経済がみえてくる——国際化と馬産地の課題』（源草社、2002年）、『新たな時代の軽種馬生産』〈共著〉（日本中央競馬会、1999年）、『農業問題　学び教えられ』（北海道協同組合通信社、2003年）、『農業雇用と地域労働市場』〈編著〉（北海道大学図書刊行会、1997年）。

馬産地80話——日高から見た日本競馬

2005年11月10日　第1刷発行
2009年　7月10日　第4刷発行

著　者　岩　崎　　徹
発行者　吉　田　克　己

発行所　北海道大学出版会
札幌市北区北9条西8丁目　北海道大学構内（〒060-0809）
tel.011(747)2308・fax.011(736)8605・http://www.hup.gr.jp

アイワード

ISBN 4-8329-3371-X